"十四五"职业教育国家规划教材

高等院校电气信息类专业"互联网+"创新规划教材

# 人工智能导论

主　编　李云红

副主编　陈锦妮

U0300819

北京大学出版社

PEKING UNIVERSITY PRESS

# 内 容 简 介

本书旨在通过介绍人工智能研究领域的核心知识、最新进展和发展方向，使学生建立起对人工智能的总体认识，为其进入人工智能各分支领域进行研究和应用奠定良好的基础。 本书对人工智能领域所涉及的研究内容，以及针对各研究内容所采取的解决方法进行介绍，阐述了当前人工智能的研究热点，包括人工智能与智能体、智能机器人和互联网智能等，探讨类脑智能，展望人工智能的发展。 本书力求体现科学性、实用性和先进性，内容安排循序渐进、条理清晰，能够帮助学生快速了解人工智能的发展过程与基本知识，熟悉人工智能产业的发展现状与市场需求，提升人工智能的应用能力。

本书可以作为高等学校人工智能、智能科学与技术、计算机科学与技术、机器人工程等相关专业的教材，也可以供从事人工智能研究与应用的科技人员学习参考。

**图书在版编目(CIP)数据**

人工智能导论 / 李云红主编 . —北京：北京大学出版社，2021.7
高等院校电气信息类专业"互联网+"创新规划教材
ISBN 978 - 7 - 301 - 32305 - 2

Ⅰ. ①人… Ⅱ. ①李… Ⅲ. ①人工智能—高等学校—教材 Ⅳ. ①TP18

中国版本图书馆 CIP 数据核字（2021）第 131920 号

| | | |
|---|---|---|
| 书 名 | 人工智能导论 | |
| | RENGONG ZHINENG DAOLUN | |
| 著作责任者 | 李云红 主编 | |
| 策 划 编 辑 | 郑 双 | |
| 责 任 编 辑 | 巨程晖 郑 双 | |
| 数 字 编 辑 | 蒙俞材 | |
| 标 准 书 号 | ISBN 978 - 7 - 301 - 32305 - 2 | |
| 出 版 发 行 | 北京大学出版社 | |
| 地 址 | 北京市海淀区成府路 205 号 100871 | |
| 网 址 | http://www. pup. cn 新浪微博: @北京大学出版社 | |
| 编辑部邮箱 | pup6@ pup. cn | |
| 总编室邮箱 | zpup@ pup. cn | |
| 电 话 | 邮购部 010 - 62752015 发行部 010 - 62750672 编辑部 010 - 62750667 | |
| 印 刷 者 | 北京溢漾印刷有限公司 | |
| 经 销 者 | 新华书店 | |
| | 787 毫米×1092 毫米 16 开本 12.5 印张 300 千字 | |
| | 2021 年 7 月第 1 版 2025 年 1 月第 4 次印刷 | |
| 定 价 | 39.00 元 | |

# 前　言

人工智能导论是人工智能、智能科学与技术、计算机科学与技术、机器人工程等相关专业的导论课程。本书的编写响应了国家人工智能发展战略需求和人工智能专业人才培养的需要，对学生职业生涯规划具有较好的指导意义。

作为一门新兴交叉技术科学，人工智能是21世纪科技发展的一大主流方向，是推动人类第四次工业革命的核心驱动力。人工智能已经成为许多高新技术产品的核心技术，因为它通过模拟人类智能解决问题，所以在很多领域都具有非常广泛的应用。第四次工业革命的目标是让机器取代人类绝大部分的脑力工作，把人类带入人工智能化时代。人工智能作为第四次工业革命的产物，一直以来都吸引着很多的研究人员和从业者。因此，很多大学也相继成立了人工智能学院或人工智能专业，这些都说明了人工智能技术正在逐步走向成熟。

2017年，中华人民共和国教育部（简称教育部）在复旦大学和天津大学分别举行研讨会，形成了新工科建设的"复旦共识"和"天大行动"。之后，教育部又在北京形成了新工科建设的"北京指南"。新工科建设已经进入越来越多高校的视野，人工智能首当其冲。当前，人工智能技术和产业高速发展，不仅促进了高校人工智能教育和学科布局，也加速了国家对人工智能发展政策的出台。我国对人工智能人才培养已经上升到顶层设计层面。2017年7月，中华人民共和国国务院（简称国务院）印发了《新一代人工智能发展规划》，对我国人工智能发展做出总体部署，其中621次提到"智能"，349次提到"人工智能"。2018年，政府工作报告明确提出"加强新一代人工智能研发应用"，2018年4月，教育部印发的《高等学校人工智能创新行动计划》中，提出"到2030年，高校成为建设世界主要人工智能创新中心的核心力量和引领新一代人工智能发展的人才高地，为我国跻身创新型国家前列提供科技支撑和人才保障"。计划中141次提到"人工智能"。2018年，教育部公布的首批612个"新工科"研究与实践项目中，人工智能大数据、智能制造类项目达58个。如何立足国家需求和产业需要，培养各种层次的人工智能人才，已成为各个高校面临的共同课题。

2018年4月，由中国人工智能学会发起并联合中国科学院大学共同主办、中国科学院大学人工智能技术学院承办了首届"全国高校人工智能学院院长/系主任论坛"，来自中国科学院大学、北京大学、清华大学、浙江大学、南京大学、北京理工大学、北京航空航天大学、国防科技大学、湖南大学、北京交通大学、西安电子科技大学、百度、奇虎、360、平安集团、美团等单位的百余位专家和代表济济一堂，共同就人工智能的学科建设与发展、人才培养体系建设与产业人才需求匹配等方面进行了深入探讨和前瞻式分析展望，为我国未来的人工智能学科建设、人才培养、科学研究和产业布局等形成共识奠定了基础。据不完全统计，我国人工智能领域人才未来的缺口约500万，人才奇缺已经成为行业快速发展的不和谐音符。人工智能学科建设及人工智能人才培养已成大势所趋，全国上下都在围绕人工智能开展建设工作。

2022年10月党的二十大报告指出：建设现代化产业体系。坚持把发展经济的着力点放在实体经济上,推进新型工业化,加快建设制造强国、质量强国、航天强国、交通强国、网络强国、数字中国。实施产业基础再造工程和重大技术装备攻关工程,支持专精特新企业发展,推动制造业高端化、智能化、绿色化发展。巩固优势产业领先地位,在关系安全发展的领域加快补齐短板,提升战略性资源供应保障能力。推动战略性新兴产业融合集群发展,构建新一代信息技术、人工智能、生物技术、新能源、新材料、高端装备、绿色环保等一批新的增长引擎。构建优质高效的服务业新体系,推动现代服务业同先进制造业、现代农业深度融合。加快发展物联网,建设高效顺畅的流通体系,降低物流成本。加快发展数字经济,促进数字经济和实体经济深度融合,打造具有国际竞争力的数字产业集群。优化基础设施布局、结构、功能和系统集成,构建现代化基础设施体系。

人工智能是一门极富挑战性的科学,作为计算机科学的一个分支,其涉及的知识面非常广泛,从事这项工作的人必须了解计算机、心理学和哲学等多学科知识。总体来说,人工智能研究的一个主要目标是使机器能够胜任一些通常需要人类智能才能完成的复杂工作。本书的特点是覆盖了人工智能研究领域的多种技术,以案例教学的模式尽量全面反映人工智能技术在各个领域的应用,同时采用浅显易懂的语言使得学习者更加容易理解本书内容。针对人工智能的名词术语、具体问题和分析方法,编者在书中嵌入了二维码等数字资源,方便学生实现延伸阅读。本书还配有在线答题,以方便老师教学和学生自学使用。

本书作为入门级的人工智能教材,可以帮助初学者实现"零基础"学习人工智能,了解人工智能是什么、人工智能研究什么、人工智能的理论基础是什么、人工智能的算法与模型有哪些、人工智能的发展与应用对我们的社会工作和生产生活会产生怎样的影响等。本书主要介绍人工智能问题求解的一般性原则和基本思想以及一些前沿内容,帮助学生形成对人工智能基础知识及人工智能方法一般应用的轮廓性认识,为学生今后在相关领域应用人工智能方法奠定基础。

本书由李云红担任主编并负责统稿工作,陈锦妮担任副主编,苏雪平、任劼、陈宁参与了本书的编写工作,喻晓航、罗雪敏、刘畅、朱绵云、姚兰、张欢欢等参与了本书内容的整理、图形绘制及二维码信息的收集等工作。本书得到了教育部产学合作协同育人项目"创新创业背景下人工智能与新工科人才培养模式研究"(项目编号:201802067005)、"纺织之光"中国纺织工业联合会高等教育教学改革项目"工程教育专业认证背景下人才培养模式改革与实践"(项目编号:2017BKJGLX139)、西安工程大学新工科校级重点项目"新工科背景下人工智能专业方向建设的探索与实践"(项目编号:19XGKZ02)等的支持。本书包含了编者多年的科研和教学实践成果,在编写过程中,参考了国内外大量的文献资料,在此对相关作者表示真诚的感谢。本书的编写和出版还得到了西安工程大学的大力支持,在此表示衷心的感谢。

由于编者水平有限,书中难免存在疏漏之处,恳请读者批评指正。

李云红

2022 年 12 月

【资源索引】

# 本书课程思政元素

本书课程思政元素从"格物、致知、诚意、正心、修身、齐家、治国、平天下"的中国传统文化角度着眼，再结合社会主义核心价值观"富强、民主、文明、和谐、自由、平等、公正、法治、爱国、敬业、诚信、友善"设计出课程思政的主题。然后紧紧围绕"价值塑造、能力培养、知识传授"三位一体的课程建设目标，在课程内容中寻找相关的落脚点，通过案例、知识点等教学素材的设计运用，以润物细无声的方式将正确的价值追求有效地传递给读者。

本书的课程思政元素设计以"习近平新时代中国特色社会主义思想"为指导，运用可以培养大学生理想信念、价值取向、政治信仰、社会责任的题材与内容，全面提高大学生缘事析理、明辨是非的能力，把学生培养成为德才兼备、全面发展的人才。

每个思政元素的教学活动过程都包括内容导引、展开研讨、总结分析等环节。在课程思政教学过程，老师和学生共同参与其中，在课堂教学中教师可结合下表中的内容导引，针对相关的知识点或案例，引导学生进行思考或展开讨论。

| 页码 | 内容导引 | 思考问题 | 课程思政元素 |
|---|---|---|---|
| 3 | 老年伴侣机器人 ELLI. Q | 人工智能在医疗行业的应用还有哪些？<br>结合 2022 年党的二十大报告就提出的"推进健康中国建设"。思考：随着社会的老龄化，老年伴侣机器人是否会得到广泛应用？ | 科技发展、人文关怀 |
| 3 | 宠物伴侣机器人 Domgy | 我国自主研发的智能机器人还有哪些？<br>宠物机器人真的可以给人类带来欢乐吗？ | 自主创新、文化自信 |
| 12 | 水下搜救机器人 | 水下搜救机器人都有什么类型？<br>水下搜救机器人是否存在安全隐患？ | 科技发展、安全意识 |
| 12 | 智能建筑 | 智能建筑都有哪些类型？<br>智能建筑是否存在漏洞以及安全隐患？<br>智能建筑的发展是否会带来安保行业的失业问题？ | 安全意识 |
| 19 | 未来中国人工智能的发展 | 目前我们国家对人工智能发展的态度如何？<br>如何实现人工智能的快速高效安全发展？ | 科技发展、理论自信、现代化 |
| 19 | 人机大战 | 人工智能应用于体育竞技的实际案例还有哪些？<br>人工智能的应用能否推动竞技比赛的发展？ | 实战能力 |

| 页码 | 内容导引 | 思考问题 | 课程思政元素 |
|---|---|---|---|
| 27 | 指纹防盗门 | 指纹防盗门的优点是什么？<br>指纹防盗门是否真的比传统防盗门安全性更好？ | 安全意识 |
| 29 | 我国中文信息处理事业发展历程 | 关于我国中文信息处理事业的发展，都了解哪些？<br>人工智能的发展是如何推动我国信息处理事业的发展的？ | 自主创新、技术进步、民族自豪感 |
| 70 | 石灰窑炉的神经网络建模 | 神经网络的应用还有哪些？<br>利用神经网络建模会存在哪些问题？ | 环保意识、可持续发展 |
| 97 | 动物识别专家系统 | 动物识别专家系统可以识别哪些动物？<br>动物识别的规则有哪些？ | 科技发展 |
| 98 | 专家系统示例 | 医学专家系统可以解决哪些问题？专家系统应用于中医诊治的效果怎么样？<br>专家系统可以与其他诊治手段"相辅相成"吗？ | 职业素养、职业精神 |
| 100 | 军事指挥调度系统 | 专家系统在处理企业或社会的疑难杂症过程中，会出现所谓的 Bug 吗？ | 产业报国、企业文化 |
| 103 | 血液感染病诊断专家系统 MYCIN | 史上最著名的专家系统是什么？<br>MYCIN 在血液感染病的诊断方面真的是万能的吗？ | 人类命运共同体 |
| 126 | 基于免疫计算的专家系统 | 专家系统能与计算机的哪些功能"相得益彰"？<br>与免疫计算功能结合的专家系统有何种应用范围和能力？ | 逻辑思维、专业能力 |
| 134 | 交互型机器人 | 交互型机器人的应用有哪些？<br>交互型机器人应该如何实现？ | 行业发展 |
| 135 | 最早的智能机器人 Shakey | 智能机器人出现的契机是什么？<br>Shakey 能够实现哪些功能？ | 科技发展、学习借鉴 |
| 144 | 情感机器人 | 情感机器人会"读心术"吗？<br>情感机器人未来是否会成为人类的伴侣？ | 科技发展、友善 |

续表

| 页码 | 内容导引 | 思考问题 | 课程思政元素 |
|---|---|---|---|
| 151 | 教育机器人 | 教育机器人产品的市场发展现状是什么样的？<br>教育机器人的发展方向是什么？ | 亲子互动、和谐家庭 |
| 153 | 服务机器人 | 服务机器人的种类有哪些？<br>服务机器人的发展趋势是什么？ | 科技发展、行业发展 |
| 157 | 《中国机器人产业发展报告（2020—2021）》 | 我国机器人产业发展的现状是什么？<br>我国机器人产业发展面临的机遇和挑战有哪些？ | 大国复兴、国家竞争 |
| 173 | 云计算的应用 | 关于云计算的应用场景都有哪些？<br>该如何有效运用云计算实现我国各个领域的发展？ | 科技发展 |

# 目　　录

# 第1章 绪 论

人工智能是指由人类制造出来的机器所表现出来的智能，它是计算机科学、控制论、信息论、神经生理学、心理学、语言学等多种学科相互渗透而发展起来的一门综合性新学科。人工智能的核心问题包括建构能够跟人类相似甚至超越人类推理、规划、学习、交流、感知、移动和操作物体、使用工具和操控机械等的能力。当前有大量的工具应用了人工智能技术，其中包括搜索优化、数学优化、逻辑推演等。而基于仿生学、认知心理学，以及基于概率论和经济学的算法等也在逐步探索当中。思维来源于大脑，思维可以控制行为，行为需要意志去实现。思维可以实现对所有数据的采集和整理，相当于数据库，因此，在许多领域人工智能最终将演变为机器代替人类。

**教学目标**

> 了解什么是人工智能及人工智能的分类；
> 了解人工智能与人类智能的区别及人工智能的具体应用；
> 了解大数据和人工智能的关系及人工智能的发展过程；
> 掌握人工智能的研究内容及人工智能的实现途径。

**教学要求**

| 知识要点 | 能力要求 | 相关知识 |
|---|---|---|
| 什么是智能 | 了解智能的定义 | 人脑认知 |
| 什么是人工智能 | （1）了解强人工智能和弱人工智能；<br>（2）了解人工智能和人类智能的区别；<br>（3）了解人工智能的研究和应用领域 | 人工智能的应用 |
| 大数据和人工智能 | （1）了解大数据和人工智能之间的关系；<br>（2）了解大数据对人工智能的发展所起的作用 | 大数据 |

续表

| 知识要点 | 能力要求 | 相关知识 |
|---|---|---|
| 人工智能的起源与发展 | (1) 了解人工智能的起源；<br>(2) 了解人工智能的发展 | 人工智能的历史 |
| 人工智能的研究内容 | (1) 掌握认知建模的定义和类型；<br>(2) 掌握知识表示的定义；<br>(3) 掌握自动推理的定义；<br>(4) 掌握机器学习的定义和方法 | 认知建模<br>知识表示<br>自动推理<br>机器学习 |
| 人工智能的实现途径 | (1) 掌握符号主义的定义和应用；<br>(2) 掌握连接主义的定义和应用；<br>(3) 了解学习主义的定义；<br>(4) 掌握行为主义的定义和应用；<br>(5) 了解进化主义的定义；<br>(6) 了解群体主义的定义 | 符号主义<br>连接主义<br>学习主义<br>行为主义<br>进化主义<br>群体主义 |
| 人工智能的应用 | 了解人工智能的应用 | 专家系统 |

思维导图

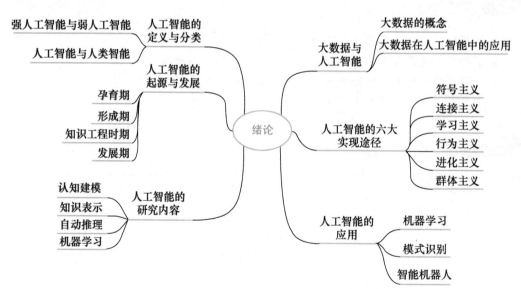

**推荐阅读资料**

【人工智能】

1. 刘峡壁. 人工智能导论：方法与系统 [M]. 北京：国防工业出版社，2008.
2. 王万良. 人工智能导论 [M]. 4 版. 北京：高等教育出版社，2017.
3. 腾讯研究院，中国信通院互联网法律研究中心，腾讯 AI Lab，等. 人工智能：国家人工智能战略行动抓手 [M]. 北京：中国人民大学出版社，2017.

 **基本概念**

人工智能（Artificial Intelligence，AI）是研究、开发用于模拟、延伸和扩展人的智能的理论、方法、技术及应用系统的一门新的技术科学。人工智能是计算机科学的一个分支，它试图通过了解智能的实质，生产出一种新的能以人类智能相似的方式做出反应的智能机器，该领域的研究包括机器人、语言识别、图像识别、自然语言处理和专家系统等。

 **引例 1**：老年伴侣机器人 ELLI. Q

ELLI. Q 是一款老年伴侣机器人，其外形如图 1.1 所示。ELLI. Q 能够理解语境，并能在医学专家和其家人预设好的一系列目标下自动做出决定，如提醒老人散步、吃药或娱乐等。ELLI. Q 还会询问主人是否想要通过即时通信平台与家人或朋友进行联系。它是由以色列的科创企业 Intuition Robotics 设计的。

图 1.1 老年伴侣机器人 ELLI. Q

 **引例 2**：宠物伴侣机器人 Domgy

Domgy 是一款宠物伴侣机器人，它是由中国的 ROOBO 公司研发和设计的，其外形如图 1.2 所示。Domgy 能够识别家庭成员的情绪和动作，并通过仿生表情来取悦主人，并且具有室内导航规划、运动控制、遥控、面部识别和声音识别等功能。

图 1.2 宠物伴侣机器人 Domgy

【小度机器人】

## 1.1 什么是智能

智能是什么？智能的定义可能比人工的定义更难以捉摸。斯腾伯格（R. J. SternBerg）就人类意识这个主题给出了以下定义：智能是个人从经验中学习、理性思考、记忆重要信息，以及应对日常生活需要的认知能力。简单来说，智能就是人的智慧和行动能力。

从事智能科学的研究人员根据对人脑的认知，以及智能的外在化表现，从不同的角度，使用不同的方法对其做了研究。其中，产生较大影响的观点有思维理论和知识阈值理论。思维理论认为智能来源于大脑的思维活动，所以可以通过对思维的研究来揭示智能的本质；知识阈值理论则认为智能行为取决于知识的数量和一般化程度，把智能定义为在巨大空间搜索满意解的能力。

## 1.2 什么是人工智能

### 发现故事 1：电影《人工智能》

《人工智能》是由华纳兄弟娱乐公司于 2001 年拍摄发行的一部未来派科幻类电影，由斯皮尔伯格（S. A. Spielberg）执导，洛（J. Law）、奥斯蒙特（H. J. Osment）主演。电影海报如图 1.3 所示。

【什么是人工智能】

图 1.3 电影《人工智能》海报

影片讲述 21 世纪中期，人类的科学技术已经达到了相当高的水平，一个小机器人为了寻找养母，努力缩短机器人和人类之间的差距的故事。

**智能**有以下三个特点。

（1）有智能的物体可以将新的信息融入自己的知识库。

（2）有智能的物体可以利用知识库里的信息推理出新的信息。

（3）有智能的物体可以利用知识库里的信息去针对外界刺激做出相应的反应。

关于人工智能到底是什么，学术界一直存在争论。为了保持好自己对人工智能的本质理解，去追随自己心中的人工智能，我们有必要了解一下学术界关于人工智能的争论和各个派别之间的根本理念冲突。

**争论观点 1：**真正的人工智能，必须要像人一样思考。

这个观点听上去是不是很有道理？这是一种很自然的想法。如果我们想要让某样东西像人一样思考，那么，我们首先必须了解人到底是怎样思考的。为此，我们需要去了解"认知科学"。

"像人一样思考"，这便是第一个学派的观点。但是另一个学派却认为这种观点限制了我们的眼界，人类需要站在更广阔的平台上看待人工智能的本质。

**争论观点 2：**真正的人工智能，不需要它像人一样思考，我们只需要它能够思考就可以了。

这个学派的观点也有它的道理。可是落实到实现上，又浮现出了另一个问题："什么才是思考呢？"问题又回归到了什么才是智能。对此，该学派认为：我们没必要去纠结什么才是思考，我们只需要让人工智能学会其中一种思考方式就可以了，而这种思考方式就是"逻辑"。正确的逻辑是严谨的，是不容反驳的。如果世界上的知识可以转化成逻辑，而逻辑又可以转化成"0"和"1"，那么，通过对应智能的以下特征，就能表示人工智能实现了吗？

（1）有智能的物体可以将新的信息融入自己的知识库。（将知识转化成"0"和"1"）。

（2）有智能的物体可以利用知识库里的信息推理出新的信息。（利用"0"和"1"进行位运算，从而产生新的"0"和"1"）。

（3）有智能的物体可以利用知识库里的信息针对外界刺激做出相应的反应。（利用逻辑电路去对外界环境做出反应）。

事实上，我们确实发现世界上的知识大多可以转化成逻辑。但是在实现过程中，却遇到了我们没有想到的困难——逻辑学。

前两个学派，都是从"思考"的层面去理解人工智能的。出于功利主义，后两个学派认为我们并不需要去真正地实现人工智能，只需要让它们看起来有智能就行了，就像游戏里的非玩家控制角色（Non-Player Character，NPC）一样。

**争论观点 3：**我们只需要让它们的行为看起来像人就行了。

我们惊讶地发现，虽然图灵测试的本意并不是这样，但是能够通过图灵测试的机器，恰好就可以满足该学派的需求。

那么为了通过图灵测试，我们要求这个类人体拥有什么能力呢？

（1）自然语言处理。让它在表面上能够和人类交流。

（2）知识表示。因为图灵测试需要回答问题，所以类人体有必要存储信息。

（3）自动推理。为了得出问题的答案，需要利用已有的信息推理出新的信息，并当作结论回答出来。

（4）机器学习。用来适应新的情况和分辨不同的情况。

（5）机器感知。类人体的信息可能会来自光、声音、触觉等。

（6）机器人学。类人体需要一个身体，因为图灵测试可能会让它进行人的行为活动，如移动物体等。

以上这些要求，教会了计算机如何像人一样去行动。虽然它们的本意不是为了实现真正的人工智能，但是当计算机真能做到这一切时，难道就不能称之为"智能"了吗？

如果我们抛开偏见，就会发现，或许这恰好是计算机用它的方式，学会了与人类交流，学会了储存知识、推理知识、做出反应。说到底，我们并没有对智能下一个精确的定义，所以也无法去分辨这是否算是一种真正的智能。

**争论观点 4：**我们甚至不需要它们拥有像人一样的行为，我们只需要它们看上去有智能就行了。

一个典型的例子——下棋 AI。外行看上去它像有智能一样，其实它的本质就是一种搜索算法——人工智能的搜索算法。或许对人工智能的理解限制了我们的认知，而没有看到更多本质的东西呢？

要想实现人工智能，必须了解与人工智能有关的学科，包括数学、哲学、经济学、神经科学、心理学、计算机工程、控制论、语言学等。掌握与人工智能联系最紧密的学科的知识，才是了解人工智能的突破口。

## 1.2.1　强人工智能与弱人工智能

**1. 强人工智能（Artificial General Intelligence，AGI）**

【强人工智能、弱人工智能、超人工智能】

强人工智能观点认为，有可能制造出真正能推理（Reasoning）和解决问题（Problem Solving）的智能机器。并且，这样的机器将被认为是有知觉的，有自我意识的。强人工智能可以分为两类：类人的人工智能，即机器的思考和推理就像人的思维一样；非类人的人工智能，即机器产生了和人完全不一样的知觉和意识，使用和人完全不一样的推理方式。

**2. 弱人工智能（Artificial Narrow Intelligence，ANI）**

弱人工智能观点认为，不可能制造出能真正地推理和解决问题的智能机器。这些机器只不过看起来像是智能的，但是并不真正拥有智能，也不具有自主意识。

## 1.2.2　人工智能与人类智能

人工智能是对人类智能进行模仿来实现的，而人类智能能够工作和思考。为了让机器拥有这两种能力，人们开始进行人工智能的开发。随着技术的发展与突破，人工智能在以我们肉眼可见的速度解锁新领域、新任务、新技能，而这些领域之前则被认为是人类智能的专属。但这是否意味着人工智能比人类智能更聪明呢？其实不然，将人工智能与人类智能进行对比，这本来就是一个错误的想法，因为二者是完全不同的东西，即便有时候它们的功能会有重叠的部分。

人工智能和人类智能的本质区别包括六个方面。

**1. 进化途径和本质属性不同**

人类智能的进化过程不仅经历了漫长的物理化学进化，同时也经历了长时间的社会进化，所以人类智能同时包含了自然规律与社会规律。而人类的本质属性体现在人类的社会属性上，人类的思维是人脑自然进化与社会进化的结合物，人类的思维也蕴含了思想发展所有的历史与逻辑。人工智能的进化则是科技与技术进化的产物，是纯粹的物质进化，所以其本质属性是自然性。人工智能不包含社会规律，它在执行相关指令的时候，并不会思考指令背后的社会意义，也不会考虑指令的结果所带来的社会责任以及社会后果，因为人工智能的运行只遵循自然规律。所以总体来看，人类智能的进化过程是自然与社会的双重进化，而人工智能的进化是在人类智能进化以及人们对智能进一步理解的前提下，人类对人工智能的优化。这种优化仅是功能上的优化，并不能使人工智能具有思想。因此，这也是人类智能区别于人工智能的根本所在。

**2. 物质承担者不同**

人类智能的物质承担者是人的大脑，而人工智能的物质承担者是集成电路、电子管、晶体管等电子元件。就目前而言，人工智能的智能活动都是对人类智能活动的模拟，而这种模拟仅建立在机械的或物理的基础之上，通过软件的方法和程序化来模拟人类智能的某些智能活动，这种通过技术得到的智能方式远远没有人类智能活动来的复杂。人工智能的发展，不管是哪一次的发展都只是建立在人类对于大脑智能活动的进一步认识之上的，是对人类智能活动规律的进一步模拟。

人脑的智能活动是一个极其复杂的过程，是在生理与心理双重作用下的错综复杂的运动过程。而且这种运动过程又会受到意识的支配，如历史、伦理等因素都会影响到人脑的具体思维过程。所以说人脑的思维过程是多种因素共同作用下的一种运动，不同的因素往往会导致最终结果的不同。这些因素具体是如何发挥其影响作用的呢？这些我们还不清楚，这也是为什么人类至今仍未完全认识大脑智能活动的原因所在。但是对于人工智能，其智能活动虽然也是复杂的多种因素影响的过程，甚至其某一方面的能力远比人类自身强大，但是相较于人脑智能活动，其复杂程度明显低得多。至少，人工智能的智能活动是人类可以理解的，人工智能的思维还是按照人类所设想的方向发展的。并且，人工智能也不会受到情感因素的影响，不会产生自主的意识。因此，这就是人工智能和人类智能在物理方面的区别。

**3. 智能活动中的地位不同**

人类智能在智能活动中依然占据主体地位，当然人类智能将会永久地占据主导地位。而人工智能，到目前为止，在智能活动中，还处于被人类认识与改造的地位，即人类智能活动中的客体地位。人类智能活动中，人类自身是主体，即人类自身对外界事物的认知及改造活动。人工智能的智能活动，到目前为止，其根本还是在人类智能主导的前提下所进行的智能活动，即依照人类设定的程序或算法，在机器中完成相关的智能活动。

人工智能依然是人类的工具。人类之所以占据着主体地位，不仅因为人类可以操控人工智能的运作，还因为人类智能具有自主的意识，而自主的意识使得人类具有对价值与道德的判断能力，以及对美的审视能力。但对于人工智能来说，到目前为止，即使是

生物神经网络发展成熟，人工智能也不可能具备自主的意识，更不用说自主的价值判断及审美能力等。

### 4. 人工智能没有人类的意识所特有的能动的创造能力

人工智能虽然可以存储海量的信息，但是它并没有主观能动性。如果我们没有对人工智能设备进行相关指令的输入，人工智能是不能自主地进行相关活动的，但是人类智能就不一样了，人类智能是能够对外界有所反应的。人工智能对外界的反应是被动的，对问题的解决是机械的，而人类智能是具有主观能动性的，人类智能能够主动地提出问题和解决问题。

人类对于外界的变化，总是可以做出相应的调整，使自身处于有利的地位。这就是我们经常说的趋利避害性。在社会生活中，由于主观能动性，人类可以主动地去认知事物，并且可以随时控制自己的活动，因而人类智能具有很强的主动性、灵活性及可控性。但人工智能往往是主观不可控制的，因为它不具备自主意识，不会对事物有过多的思考，它往往是一种不计后果的执行。而人类智能并不是这样的，人类智能能够不断地进行思考，并且对事物进行考量，这些都是人工智能没有的。因此，到目前为止，人工智能给人的印象总是被动的、机械的和死板的。

### 5. 人工智能没有社会属性

人工智能是人类智慧的放大体现，但体现的仅是人类的智慧，并没有体现人类所具有的社会属性，即人工智能不会直接参与人类的社会活动。人类的社会属性决定了人类在进行智能活动的时候，必须要考量多方面的因素，尤其是社会性的、道德上的诸多问题。这些问题约束着人类自身的种种行为，避免人类做出不计后果的行为，而这也正是人类区别于其他生物的地方。

但是人工智能不同，它不具备社会属性，不会考量后果，它只会机械地执行相关的指令。到目前为止，人工智能是不具备人类情感的，并且它也不会主动争取人权与自由。因而人工智能与人类智能相比较，人类智能更加多元化、个性化、情感化，是理性与感性的结合体；而人工智能则更加机械化、程序化，是绝对理性的代表。目前看来，人类智能理性与感性的结合是人工智能所不能模拟的。而这种理性与感性，一方面是人类智能智慧的体现；另一方面是人类对于精神层面思考的体现。人工智能或许能够在智力上超越人类，但是在精神上，人工智能还无法达到人类的高度。

### 6. 思维程序和思维深度不同

人工智能的一切能力都是人类创造并赋予的，是人类智能思维的体现，只是这种能力通过技术手段得到了放大，以至于人工智能在某些方面的能力超越了人类。但人工智能的思维是在人类思维的基础上诞生的。随着外界的改变，人类对外界事物的认知度是逐步提升的，且只有在人类的认知度提升后，才能更新人工智能，人工智能的思维才能提升。所以在整个思维过程中，总是先有人类的思维，然后才有人工智能的思维。人工智能的本质是对人类智能的模拟，没有人类的思维，人工智能的思维也就无从谈起。

当然，人类的思维受到各种因素的影响，会有诸如形象思维、抽象思维及动作思维等分类。人类思维对于事物的思考，不光有逻辑上的判断，还会有对相关道德、社会等方面问题的思考。而这些思考是对问题的引申，是人类对于价值或者其他方面的判断。但对于人工智能而言，它的思维过程其实是一种逻辑判断，只是这种逻辑判断比较复杂。人工智能的思维是对人类思维的简化，是从复杂的人类思维中抽取出的逻辑判断能力。所以，人工智能的思维，到目前为止，仅是对于逻辑的思考，没有其他东西，原因很简单，就是在于人工智能没有自主的意识。没有自主的意识，便不会产生引申的思考，思维也就不会有深度。

### 1.2.3 人工智能的研究和应用领域

人工智能是近年来引起人们很大兴趣的一个领域。它的研究目标是通过电子仪器、计算机等，尽可能地模拟人的精神活动，并且争取在这些方面最终改善并超越人类。随着人工智能理论研究的发展和成熟，人工智能的应用领域更为宽广，应用效果更为显著。面对人工智能这样一个高度交叉的新兴学科，其研究和应用领域的划分可以有多种不同的方法。这里采用了基于智能本质和作用的划分方法，即从机器思维、机器感知、机器学习、机器行为、计算智能、分布智能、智能机器人等方面来进行划分。

【人工智能的应用领域】

#### 1. 机器思维

机器思维就是让计算机模仿和实现人的思维能力，以对感知到的外界信息和自己生产的内部信息进行思维性加工，包括推理、搜索和规划等方面的研究。

（1）推理。推理是指按照某种策略从事实出发，利用知识推理出所需结论的过程。

（2）搜索。搜索是指为了实现某一目标不断寻找推理路线，以引导和控制推理，使问题得以解决的过程。

（3）规划。规划是指从某个特定问题状态出发，寻找并建立一个操作序列，直到求得目标状态为止的一个行动过程的描述。

#### 2. 机器感知

机器感知是机器获取外界信息的主要途径，也是机器智能的重要组成部分。所谓机器感知，就是要让计算机具有类似于人的感知能力，如视觉、听觉、触觉、嗅觉和味觉，包括机器视觉、模式识别和自然语言理解。

（1）机器视觉是用计算机来实现或模拟人类的视觉功能，其主要研究目标是使计算机具有通过二维图像认识三维环境信息的能力。

（2）模式识别是指计算机能够对给定的事物进行鉴别，并把它归入与其相同或相似的模式中。

（3）自然语言理解是用计算机模拟人的语言交际过程，使计算机能理解和运用人类社会的自然语言，实现人机之间的自然语言通信，以代替人的部分脑力劳动以及一切关于自然语言信息的加工处理。

#### 3. 机器学习

机器学习是人工智能的一个核心研究领域，它是计算机具有智能的根本途径。学习是人类智能的主要标志和获取知识的基本手段。机器学习研究的主要目标是让机器自身具有获取知识的能力，使机器能够总结经验、修正错误、发现规律、改进性能，对环境

具有更强的适应能力。

目前，机器学习的研究还处于初级阶段，但却是一个必须大力开展研究的阶段。只有机器学习的研究取得进展，人工智能和知识工程才会取得重大突破。

### 4. 机器行为

机器行为是一个利用行为科学来理解人工智能行为的领域。机器行为处于计算机科学、工程学和行为科学的交叉点，需要综合学习相关领域的内容，才能实现对人工智能行为的全面理解。随着人工智能变得越来越复杂，需要分析它们的行为能力、理解它们的内部架构，以及它们与环境的交互的组合。机器行为的研究主要集中在四个基本领域：机制、发展、功能和进化。

（1）机制。机器行为利用可解释性技术来理解特定行为模式背后的特定机制。

（2）发展。机器行为研究机器如何获得（发展）特定的个人或集体行为。行为发展可能是工程选择的结果，也可能是代理的经验。

（3）功能。机器行为研究行为对人工智能特定功能的影响，以及如何将这些功能复制或优化到其他人工智能上。

（4）进化。在整个进化过程中，人工智能算法的各个方面都在新的环境中得到重用，这既限制了未来的行为，也可能带来新的创新。因此，机器行为也研究人工智能的进化。

### 5. 计算智能

计算智能是信息科学、生命科学和认知科学等不同学科相互交叉的产物。它主要借鉴仿生学的思想，基于人们对生物体智能机理的认识，采用数值计算的方法模拟和实现人类的智能。计算智能主要包括神经计算、进化计算和模糊计算等。

（1）神经计算是一种对人类智能的结构模拟方法。它是通过对大量人工神经元的广泛并行互联，构造人工神经网络系统去模拟生物神经系统的智能机理。

（2）进化计算是一种对人类智能的演化模拟方法。它是通过对生物遗传和演化过程的认识，用进化算法去模拟人类智能的进化规律。

（3）模糊计算是一种对人类智能的逻辑模拟方法。它是通过对人类处理模糊现象的认识能力的认识，用模糊逻辑去模拟人类的智能行为。

### 6. 分布智能

分布智能是分布式计算与人工智能相结合的结果。它主要研究在逻辑上或物理上分散的智能动作如何协调其智能行为，求解单目标和多目标问题，为设计和建立大型复杂的智能系统或计算机支持协同工作提供有效途径。它需要整体互动所产生的整体智能来解决问题。其主要研究内容有分布式问题求解（Distributed Problem Solving，DPS）和多智能体系统（Multi-Agent System，MAS）。

（1）分布式问题求解是先把问题分解成任务，再为之设计相应的任务执行系统。

（2）多智能体系统是由多个智能体（Agent）组成的集合，通过智能体的交互来实现系统的表现。多智能体系统主要研究多个智能体为了联合采取行动或求解问题，如何协调各自的知识、目标、策略和规划。

### 7. 智能机器人

智能机器人是机械结构、传感技术和人工智能相结合的产物。1948 年，美国研制成功第一代遥控机械手，1959 年第一台工业机器人诞生，从此相关研究不断取得进展。机器人的发展经历了以下几个阶段：第一代为程序控制机器人，它以"示教-再现"方式，一次又一次学习后进行再现，代替人类从事笨重、繁杂与重复的劳动；第二代为自适应机器人，它配备有相应的感觉传感器，能获取作业环境的简单信息，允许操作对象的微小变化，对环境具有一定的适应能力；第三代为分布式协同机器人，它装备有视觉、听觉、触觉等多种类型传感器，在多个方向平台上感知多维信息，并具有较高的灵敏度，能对环境信息进行精确感知和实时分析，协同控制自己的多种行为，具有一定的自主学习、自主决策和判断能力，能处理环境发生的变化，能和其他机器人进行交互。

智能机器人的研究促进了人工智能思想的发展，由它所产生的一些技术可在人工智能研究中得到更广泛的应用。

2018 年 5 月，由中国人工智能学会主办的 2018 全球人工智能技术大会在北京召开，探讨了在人工智能浪潮中如何通过更新观念、深度认知、融合应用，积极拥抱人工智能科技时代的到来。

近几年，人工智能成为最火热的投资风口之一，大众对人工智能的关注热度不断攀升，人工智能逐渐成为新的经济增长点和国际竞争的焦点。目前，人工智能再次被写进政府工作报告，并强调要加强新一代人工智能的研发应用，发展智能产业，拓展智能生活。正如我国在人工智能规划蓝图（见图 1.4）中描述的一样，把握好人工智能发展的这个机遇，抓住前沿科技和尖端技术，让中国的人工智能得到更大的发展。

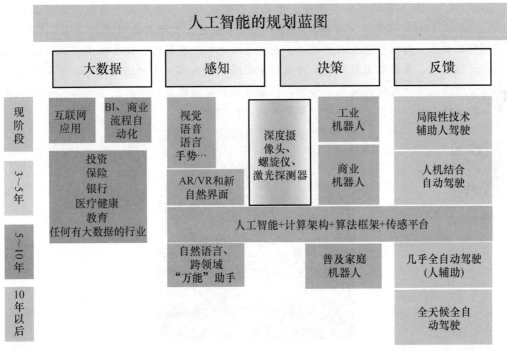

图 1.4 人工智能规划蓝图

## 1.3 大数据和人工智能

### 发现故事 2：水下搜救机器人

过去在发生沉船事件之后，受船体内部结构等方面的影响，潜水员贸然下水存在着较大的危险。为此，可以通过投放人工智能水下搜救机器人（见图 1.5）的方式了解水下部分的船体环境。早期的水下搜救机器人是由人远程操控的，这种操作方式需要利用线缆进行远程控制，在较为复杂的环境中容易出现线缆磨损、断裂等问题，搜救效率普遍较低。

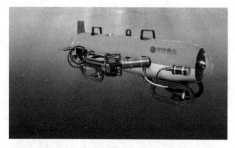

图 1.5 人工智能水下搜救机器人

而基于大数据技术的人工智能水下搜救机器人在获取沉船模型后，可根据船体倾斜姿态，确定自身所在位置，利用视频图像处理、水下动态建模和实时定位等技术，在无人操作的情况下对沉船内部进行检查，并通过实时数据对比技术记录沉船内部情况。在人工智能水下搜救机器人完成检查工作后，能根据自身记录的路线返回。搜救人员导出搜救机器人的内部数据之后，根据对应的动态建模信息，从而确定下一步的搜救方案，大大提高了搜救效率。

### 发现故事 3：智能建筑

【水下机器人】

在智能建筑（见图 1.6）门禁系统方面也用到了大数据与人工智能技术。某些高端写字楼，重要位置禁止外来人员进入，为此，写字楼管理方设计了基于大数据技术的智能门禁系统。对于符合要求的人员，管理方将其面部特征信息、指纹信息录入数据库，当其进入身份识别区时，计算机图像识别软件录取其面部特征信息，在获取对应人员的指纹信息之后，由数据库进行信息比对，在与数据库信息相吻合的情况下，允许其进入。否则，门禁系统将自动报警，并将非法进入人员的面部信息发送给安保人员，以便于对其进行必要的询问和盘查。

【智能建筑】

图 1.6 智能建筑

### 1.3.1 大数据的概念

大数据（Big Data）的概念最先出现于 20 世纪初，由 Gartner 公司在一份研究报告中提出。经过多年发展，关于大数据概念的界定可谓众说纷纭，其中比较受人们认可的说法是迈尔 - 舍恩伯格（V. Mayer-Schönberger）和库克耶（K. Cukier）合著的《大数据时代：生活、工作与思维的大变革》一书中给出的定义。书中将大数据界定为在一定时间内无法用常规软件捕捉、采集、管理和处理的数据集合，是需要采用新的处理模式才能够挖掘其价值的信息资产。

【大数据与
人工智能】

**1. 大数据的特点**

大数据的特点不仅在于数据量大，更在于其应用范围广泛。近年来，互联网技术迅猛发展，计算机、智能手机等都很受人们的青睐，人们的各种活动都涉及数据信息的流通和应用，虚拟化的数据成了最有价值的东西，颠覆了人们的传统认知。大数据之所以具备如此价值，与其自身的特征有着密不可分的关系。

综合来看，大数据技术具有数据体量大、数据类型多、数据价值密度低和数据处理快四个主要的特点。从数据体量方面来看，截至目前，一般计算机容量为 TB 级别，许多大企业和工业计算机的容量接近 EB 量级，大数据的数据体量之大可见一斑。从数据类型方面来看，由于大数据类型的多样性，可以将数据划分为结构化数据和非结构化数据两种。以往的以文本为主、便于存储的数据等属于典型的结构化数据，而当前流行的音视频文件、地理位置信息、图片、网络日志等则属于非结构化数据。数据类型的多样性给数据处理能力提出了更高的要求，也对人们的信息素养提出了更高的要求。

**2. 大数据的优势**

在大数据时代来临之前，我们只能通过抽样调查的方式来分析问题，找出事物的因果关系；而在大数据时代，我们的研究范围则大大拓展了。通过全样本方式来分析和解决问题，从而更好地认识和了解世界，不仅能够研究事物的因果关系，还能够处理事物的相关关系。

### 1.3.2 大数据技术在人工智能中的应用优势

**1. 大数据技术处理数据智能高效**

人类社会已经进入了智能经济时代，借助大数据能够实现信息的智能化，利用有效工具来挖掘和处理数据，通过数据的"加工"来实现数据的"增值"，从而实现盈利。具体来说，借助大数据技术，一方面能够实现信息收集和分析的智能化；另一方面可以实现用户需求与数据之间匹配的智能化。

**2. 大数据技术处理数据速度快**

相较于以往，在大数据时代下，人工智能的数据获取和数据分析更加快速和及时。它能够通过互联网大数据分析快速呈现结果，从而提升效率。

**3. 大数据技术对数据处理结果精确性高**

传统数据分析难以精确调研用户的行为习惯，精准性不足。而相较于传统数据分析，利用大数据分析能够有效挖掘用户的真实想法和行为习惯，呈现出的分析结果更为准确，大大提升了人工智能的精确性。

### 1.3.3　大数据在人工智能中的具体应用

**1. 智能机器人**

【人工智能时代
大数据如何发
挥作用】

大数据技术与人工智能技术的结合能够让机器人像人类一样去思考和决策，通过传感器传递海量信息，通过模式识别引擎对大数据进行系统化的分析，通过数据学习算法或数据反馈来深化智能机器人技能的设定，由此能够优化人工智能机器人的应用。

举例来说，2017 年 5 月，互联网各大门户网站首页都报道了《阿尔法狗（AlphaGo）战胜中国围棋第一人柯洁》的文章。事实上，早在 2016 年，阿尔法狗就成功战胜围棋大师李世石。Google 研发的人工智能成功击败了人类智能，此类报道不绝于耳。百度公司研发的小度机器人在电视节目《最强大脑》中挑战人类各界脑力精英且立于不败之地给观众留下深刻印象。这意味着不论在中国还是在世界范围内，计算机技术的发展正式进入人工智能时代，人工智能将为未来的世界带来前所未有的新体验。

**2. 智能制造**

智能制造是未来制造业的一个重要发展趋势，通过对工程的智能化改造来让工程具有自我性，实现工厂对整个产品生产过程中各项复杂事物的自主管理，并自行制定效率最高的产品生产方案。就目前来看，受到众多因素的影响，工厂机械设备往往会出现各种问题和故障，且这种问题和故障是难以预测的，一旦机械设备出现故障，必然会给工厂生产带来负面影响，甚至造成一系列损失。而在大数据时代，工厂将有着自我预测和诊断功能，对机械设备历史运行数据进行收集和存储，利用大数据技术进行数据分析，以此来预测设备健康状况，并根据预测结果及时进行设备维护，大大降低了机械设备的故障率，对于提升工厂的生产效率和生产的安全性有着重要的意义。

**3. 智能物流**

大数据时代强调迅捷化、智能化，这不仅体现在产品的生产过程中，还体现在产品的运输过程中。由此可见，在大数据时代智能商业模式的发展过程中，智能物流占据着重要地位。具体来说，智能物流是指依托于物联网、互联网及企业内部网络整合物流资源，以此来充分提升物流服务效率。智能物流的实现依赖于各种高新技术，如人工智能技术、RFID 技术、数据挖掘技术、自动识别技术及 GIS 技术等。以动态目标实时智能化监控为例，动态目标的实时监控不仅需要应用物联网技术，还依赖于 GPS/GIS 技术。

因此，大数据与人工智能的融合发展是大势所趋。基于大数据的人工智能发展模式应当明确具体的发展目标和机制，从产品、服务、生产、物流等各个方面着手，实现全面智能化发展。大数据人工智能的发展趋势与前景，如图 1.7 所示。

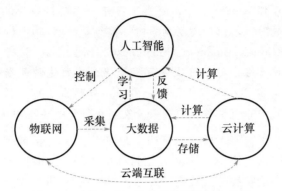

图 1.7　大数据人工智能的发展趋势与前景

## 1.4　人工智能的起源与发展

### 发现故事 4："人工智能之父"——麦卡锡

麦卡锡（J. McCarthy）（见图 1.8）1927 年生于美国波士顿，1948 年获得加州理工大学数学学士学位，1951 年获得普林斯顿大学数学博士学位。1956 年，担任达特茅斯（Dartmouth）会议的发起人（该会议被视为 AI 作为一门学科诞生的标志）。并在该会议中首次提出 Artificial Intelligence（AI）一词，从而被视为"人工智能之父"。1958 年，发明 LISP 语言（该语言至今仍在人工智能领域广泛使用）。1960 年左右，提出计算机分时（Time-sharing）概念。1971 年，因对 AI 的贡献获图灵奖。1985 年，获得国际人工智能联合会议（International Joint Conference on Artificial Intelligence，IJCAI）颁发的第一届 Research Excellence Award（可看成是 AI 领域的终身成就奖）。1991 年，获得美国国家科学奖章（National Medal of Science Award）。

图 1.8　"人工智能之父"——麦卡锡

【人工智能的起源与发展】

麦卡锡的学术人生如何步入人工智能领域，还要从 1948 年 9 月的一次会议说起。当时普林斯顿大学主办了一场"行为的大脑机制西克森研讨会"，计算机大师冯·诺依曼（J. von Neumann）在会议上发布了一篇关于自复制自动机的论文。这次报告激发了当时还是普林斯顿大学博士生的麦卡锡的研究兴趣，他敏锐地将机器智能与人的智能联系起来，打算从事更深入的研究。第二年，麦卡锡幸运地与冯·诺依曼一起工作，在计算机大师的鼓励和支持下，麦卡锡决定从在机器上模拟人的智能入手，主要研究方向定为计算机下棋。此后，为了减少计算机需要考虑的棋步，麦卡锡发明了著名的 α-β 搜索法，这一关键问题的解决有效减少了计算量，至今仍是解决人工智能问题时一种常用的高效方法。

1952 年，麦卡锡认识了贝尔实验室的香农（C. Shannon）（信息论创始人），他们在人工智能方面做了若干深入探讨之后，萌生了召开一次研讨会的共识。后来，在洛克菲勒基金会的一笔微薄赞助下，他们邀请到当时哈佛大学的明斯基（M. L. Minsky）和国际商业机器（International Business Machines，IBM）公司的工程师罗彻斯特（N. Rochester）等几位学者，参加这次具有里程碑意义的达特茅斯会议。达特茅斯会议历时两个多月，首次提出"人工智能"这一术语，并确立了可行的目标和方法，这使得人工智能成为计算机科学的一个独立的重要分支，获得了科学界的认可。

近几年可以说是人工智能大爆发的时期，2016 年，Google 的阿尔法狗战胜世界围棋冠军李世石的事件，引起了全球人类对人工智能的兴趣。一时间，人们茶余饭后的谈资都围绕着人工智能这一话题展开。其实，人工智能早在 20 世纪中叶就已经诞生，与所有高新科技一样，探索的过程都会经历反复挫折与挣扎、繁荣与低谷。人工智能的发展主要分为六个时期，各时期重大事件如图 1.9 所示。

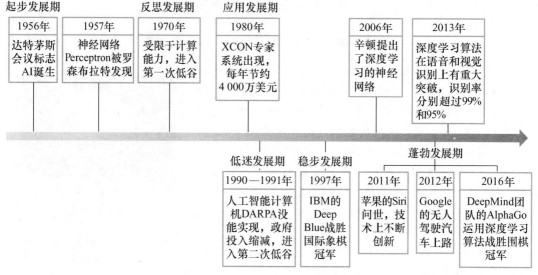

图 1.9　人工智能发展的重大事件

（1）起步发展期（1956 年至 20 世纪 60 年代初）。人工智能的概念提出后，相继取得了一批令人瞩目的研究成果，如机器定理证明、跳棋程序等，掀起人工智能发展的第一个高潮。

（2）反思发展期（20 世纪 60 年中至 70 年代初）。人工智能发展初期的突破性进展大大提升了人们对人工智能的期望，人们开始尝试更具挑战性的任务，并提出了一些不切实际的研发目标。然而，接二连三的失败和预期目标的落空（如无法用机器证明两个连续函数之和还是连续函数、机器翻译闹出笑话等），使人工智能的发展陷入低谷。

（3）应用发展期（20 世纪 70 年代中至 80 年代中）。20 世纪 70 年代中期出现的专家系统，可以模拟人类专家的知识和经验解决特定领域的问题，实现了人工智能从理论研究走向实际应用、从一般推理策略探讨转向运用专门知识的重大突破。专家系统在医疗、化学、地质等领域取得了成功，推动人工智能走入应用发展的新高潮。

（4）低迷发展期（20世纪80年代末至90年代中）。随着人工智能的应用规模不断扩大，专家系统存在的应用领域狭窄、缺乏常识性知识、知识获取困难、推理方法单一、缺乏分布式功能、难以与现有数据库兼容等问题逐渐暴露出来。

（5）稳步发展期（20世纪90年代末至2010年）。由于网络技术特别是互联网技术的发展，加速了人工智能的创新研究，促使人工智能技术进一步走向实用化。1997年IBM公司的"深蓝"（Deep Blue）超级计算机战胜了国际象棋世界冠军卡斯帕罗夫（G. Kasparov）（见图1.10），2008年IBM提出"智慧地球"的概念。以上都是这一时期的标志性事件。

图1.10 "深蓝"大战卡斯帕罗夫

（6）蓬勃发展期（2011年至今）。随着大数据、云计算、互联网、物联网等信息技术的发展，感知数据和图形处理器等计算平台推动以深度神经网络为代表的人工智能技术飞速发展，大幅跨越了科学与应用之间的"技术鸿沟"，诸如图像分类、语音识别、知识问答、人机对弈、无人驾驶等人工智能技术实现了从"不能用、不好用"到"可以用"的技术突破，迎来爆发式增长的新高潮。

人工智能从出现至今的60多年中经历过几次寒冬，自深度学习算法出现后，近几年再次进入爆发期。

### 1.4.1 孕育期（1950年以前）

这个时期，对人工智能的产生、发展有重大影响的研究成果主要有以下几项。

（1）英国哲学家培根（F. Bacon）系统地提出了归纳法，同时还提出了"知识就是力量"的警句，对于研究人类的思维产生了重要的影响。

（2）德国数学家和哲学家莱布尼茨（G. W. Leibniz）提出了万能符号和推理计算的思想。他认为可以建立一种通用的符号语言，并且在此符号语言上进行推理演算，这一思想不仅为数量逻辑的产生和发展奠定了基础，而且是现代机器思维设计思想的萌芽。

（3）英国数学家图灵（A. M. Turing）在1936年提出了理想计算机的数学模型，即图灵机，为后来电子数字计算机的问世奠定了理论基础。

（4）美国神经生理学家麦克洛奇（W. S. McCulloch）与数理逻辑学家皮兹（W. Pitts）在 1943 年建成了第一个神经网络模型，开创了微软人工智能的研究领域，为后来人工神经网络的研究奠定了基础。

由上面的发展过程可以看出，人工智能的产生和发展，是科学技术发展的必然产物。

### 1.4.2　形成期（1951—1969 年）

1956 年，达特茅斯学院召开了一次为时两个月的学术研讨会，讨论关于机器智能的术语。会上，经麦卡锡提议正式采用了"人工智能"这一术语，麦卡锡因此被称为"人工智能之父"。

自这次会议之后的 10 多年间，人工智能的研究在机器学习、定理证明、模式识别、问题求解、专家系统及人工智能语言等方面都取得了许多引人注目的成就。

1969 年成立的国际人工智能联合会议是人工智能发展史上一个重要的里程碑，标志着人工智能这门新兴学科已经得到了世界上许多国家的肯定和认可。

### 1.4.3　知识工程时期（1970—1990 年）

这一时期，人们认为要让机器变得有智能，就应该设法让机器学习知识，于是专家系统得到了大量的开发。后来人们发现，把知识总结出来再灌输给计算机相当困难。

知识工程研究如何用机器代替人，实现知识的表示、获取、推理、决策，包括机器定理证明、专家系统、机器博弈、数据挖掘和知识发现、不确定性推理、领域知识库；还有数字图书馆、维基百科、知识图谱等大型知识工程。知识工程不仅要研究如何获取、表示、组织、存储知识，如何实现知识型工作（如教师）的自动化，还要研究如何运用知识，更要研究如何创造知识。

知识工程是一个认知的过程。如何听说、如何看，表现在大脑里面就是如何思维。通过学习记忆的形态或研发的过程来了解感知的理解和认知的理解是怎么样的关系。

1986 年之后，也称为集成发展时期，计算智能弥补了人工智能中在数学理论和计算上的不足，丰富了人工智能的理论框架，使人工智能进入了一个新的发展时期。

### 1.4.4　发展期（1991 年至今）

人工智能学科和其他新兴学科一样，其发展道路也不是平坦的。在人工智能的发展期，专家系统的研究在多个领域取得了重大突破，各种不同功能、不同类型的专家系统如雨后春笋般地建立起来，产生了巨大的经济效益和社会效益。专家系统的成功，使人们越来越清楚地认识到知识是智能的基础，对人工智能的研究必须以知识为中心来进行。

【中国人工智能行业市场发展现状】

1997 年，IBM 公司的深蓝超级计算机战胜了国际象棋世界冠军卡斯帕罗夫（G. Kasparov）。它的运算速度为每秒 2 亿步棋，并存有 70 万份大师对战的棋局数据，可搜寻并估计随后的 12 步棋。

2011 年，IBM 开发的人工智能程序"沃森"（Watson）参加了一档智力问答节目并战胜了两位人类冠军。沃森存储了 2 亿页数据，能够将与问题相关的关键词从看似相关的答案中抽取出来，这一人工智能程序已被

IBM 广泛应用于医疗诊断领域。

2016—2017 年，AlphaGo 战胜围棋冠军。AlphaGo 是由 Google 的 DeepMind 团队开发的人工智能围棋程序，具有自我学习能力。它能够搜集大量围棋对弈数据和名人棋谱，学习并模仿人类下棋。目前 DeepMind 已进军医疗保健等领域。

【未来中国人工智能的发展】

2017 年，深度学习大热。AlphaGo Zero（第四代 AlphaGo）在无任何数据输入的情况下，自学围棋 3 天后便以 100∶0 的成绩战胜了第二个版本的"旧狗"，学习 40 天后又战胜了在人类高手看来不可企及的第三个版本"大师"。

## 1.5 人工智能研究的基本内容

### 发现故事 5：人机大战

2016 年 3 月，AlphaGo 与围棋世界冠军、职业九段棋手李世石进行围棋人机大战（见图 1.11），以 4∶1 的总比分获胜；2016 年末 2017 年初，该程序在中国棋类网站上以"大师"（Master）为注册账号与中日韩数十位围棋高手进行快棋对决，连续 60 局无败绩；2017 年 5 月，在中国乌镇围棋峰会上，它与排名世界第一的世界围棋冠军柯洁对战，以 3∶0 的总比分获胜。围棋界公认 AlphaGo 的棋力已经超过人类围棋职业棋手顶尖水平。

【AlphaGo 大战李世石】

图 1.11 AlphaGo 大战李世石

人工智能是一门新兴的边缘学科，是自然科学和社会科学的交叉学科，它吸取了自然科学和社会科学的最新成果，以智能为核心，形成了具有自身研究特点的新体系。人工智能的研究涉及诸多领域，包括知识表示、搜索技术、机器学习、求解数据和知识不确定问题的各种方法等。人工智能的应用领域包括专家系统、博弈、定理证明、自然语言理解、图像理解和机器人等。人工智能是一门综合性的学科，它是在控制论、信息论和系统论的基础上诞生的，涉及哲学、心理学、认知科学、计算机科学、数学及各种工程学方法，这些学科为人工智能的研究提供了丰富的知识和研究方法。图 1.12 给出了与人工智能有关的学科，以及人工智能的研究与应用领域的简单图示。

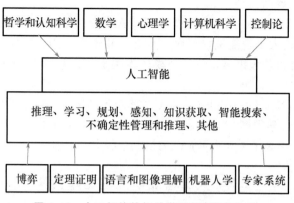

图 1.12　人工智能的相关学科及研究与应用

## 1.5.1　认知建模

美国心理学家休斯敦（T.P.Houston）等把认知归纳为五种类型：认知是信息的处理过程；认知是心理上的符号运算；认知是问题求解；认知是思维；认知是一组相关的活动，如知觉、记忆、思维、判断、推理、问题求解、学习、想象、概念形成和语言使用等。

人类的认知过程是非常复杂的，建立认知模型的技术常被称为认知建模，目的是从某些方面探索和研究人的思维机制，特别是人的信息处理机制，同时也为设计相应人工智能系统提供新的体系结构和技术方法。认知科学用计算机研究人的信息处理机制时表明，在计算机的输入和输出之间存在着由输入分类、符号运算、内容存储与检索、模式识别等方面组成的实在的信息处理过程。尽管计算机的信息处理过程和人的信息处理过程有实质性差异，但可以由此得到启发，认识到人在刺激和反应之间也必然有一个对应的信息处理过程，这个实在的过程只能归结为意识过程。计算机的信息处理和人的信息处理在符号处理这一点的相似性是人工智能名称的由来和它赖以实现和发展的基点。信息处理也是认知科学与人工智能的联系纽带。

## 1.5.2　知识表示

人类的智能活动过程主要是一个获得并运用知识的过程，知识是智能的基础。人们通过实践，认识到客观世界的规律性，经过加工整理、解释、挑选和改造而形成知识。为了使计算机具有智能，使它能模拟人类的智能行为，就必须使它具有适当形式表示的知识。知识表示是人工智能中一个十分重要的研究领域。

一个完整的知识表示过程是：首先，设计者针对各种类型的问题设计多种知识表示方法；然后，表示方法的使用者选用合适的表示方法表示某类知识；最后，知识的使用者使用或学习经过表示方法处理后的知识。所以，知识表示的客体就是知识。知识表示的主体包括三类：表示方法的设计者、表示方法的使用者、知识的使用者。

知识表示的完整过程如图 1.13 所示。图中的知识Ⅰ是指隐性知识或者使用其他表示方法表示的显性知识；知识Ⅱ是指使用该种知识表示方法表示后的显性知识。知识Ⅰ与知识Ⅱ的深层结构一致，只是表示形式不同。所以，知识表示的过程就是把隐性知识转化为显性知识的过程，或是把知识由一种表示形式转化成另一种表示形式的过程。

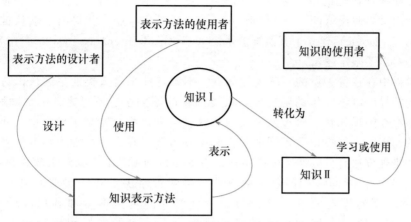

图 1.13　知识表示的完整过程

所谓知识表示实际上是对知识的一种描述或一组约定，一种计算机可以接受的、用于描述知识的数据结构。知识表示是研究机器表示知识的可行的、有效的、通用的原则和方法。知识表示问题一直是人工智能研究中最活跃的部分之一。目前，常用的知识表示方法有逻辑模式、产生式系统、框架语文网络、状态空间、面向对象和连接主义等。

### 1.5.3　自动推理

从一个或几个已知的判断（前提）逻辑地推出一个新的判断（结论）的思维形式称为推理，这是事物的客观联系在意识中的反映。自动推理是知识使用的过程，人解决问题就是利用以往的知识，通过推理得出结论。自动推理是人工智能研究的核心问题之一。

按照新的判断推出的途径来划分，自动推理可以分为演绎推理、归纳推理和反绎推理。

演绎推理是一种从一般到个别的推理过程。演绎推理是人工智能中的一种重要的推理方式。目前研究成功的职能体系中，大多是用演绎推理实现的。

归纳推理与演绎推理相反，是一种从个别到一般的推理过程。归纳推理是机器学习和知识发现的重要基础。归纳推理是人类思维活动中最基本、最常用的一种推理形式。

顾名思义，反绎推理是由结论倒推原因。在反绎推理中，我们给定规则 $p \rightarrow q$ 和 $q$ 的合理信念，然后希望在某种解释下得到 $p$ 为真。反绎推理是不可靠的，但由于 $q$ 的存在，它又被称为最佳解释推理。

按推理过程中推出的结论是否单调地增加，自动推理又可分为单调推理和非单调推理。单调推理是指已知为真的命题数目随着推理的进行而严格地增加。在单调推理逻辑中，新的命题可以加入系统，新的定义可以被证明，并且这种加入和证明绝不会导致前面已知的命题或已证的命题变成无效。在本质上人类的思维及推理活动并不是单调的。人们对周围世界中的事物的认识、信念和观点，总是处于不断地调整之中。例如，根据某些前提推出某一结论，但当人们又获得另一些事实后，却又取消这一结论。在这种情况下，结论并不随着条件的增加而增加，这种推理过程就是非单调推理。非单调推理是人工智能自动推理研究的成果之一。1978年，赖特（R. Reiter）首先提出了非单调推理方法——封闭世界假设（Closed World Assumption，CWA），并提出了默认推理。1979年，杜伊尔（J. Doyle）建立了真值维护系统（Truth Maintenance System，TMS）。1980年，麦卡锡提出了限定逻辑。

现实世界中存在着大量的不确定性问题。不确定性来自人类的主观认识与客观实际之间存在的差异。事物发生的随机性，人类知识的不完全、不可靠、不精确和不一致，自然语言中存在的模糊性、歧视性都反映了这种差异，都会带来不确定性。针对不同的不确定性的起因，人们提出了不同的理论和推理方法。在人工智能中，有代表性的不确定性理论和推理方法有贝叶斯定理、Dempster-Shafer证据理论和Zadeh模糊集理论等。

搜索是人工智能的一种问题求解方法。搜索策略决定着问题求解的一个推理步骤中知识被使用的优先关系，可分为无信息引导的盲目搜索和利用经验知识引导的启发式搜索。启发式搜索由启发式函数来表示，启发式知识利用得越充分，求解问题的搜索空间就越小，解题效率越高。典型的启发式搜索方法有 A* 算法、AO* 算法等。

## 1.5.4　机器学习

【什么是机器学习】

机器学习是研究计算机怎样模拟或实现人类的学习行为，以获取新的知识或技能，重新组织已有的知识结构使之不断改善自身的性能。机器学习是人工智能研究的核心问题之一，是当前人工智能理论研究和实际应用非常活跃的研究领域。同时机器学习也是一门多领域交叉的学科，它涉及概率论、统计学、逼近论、凸分析、算法复杂度理论等多门学科。

机器学习有下面几种定义。

（1）机器学习是一门人工智能的科学，该领域的主要研究对象是人工智能，特别是如何在经验学习中改善具体算法的性能。

（2）机器学习是对能通过经验自动改进的计算机算法的研究。

（3）机器学习是用数据或以往的经验，以此优化计算机程序的性能标准。

常见的机器学习方法有归纳学习、类比学习、分析学习、强化学习、遗传算法和连接学习等。如今机器学习已经有了十分广泛的应用，如数据挖掘、计算机视觉、自然语言处理、生物特征识别、搜索引擎、医学诊断、检测信用卡欺诈、证券市场分析、DNA序列测序、语音和手写识别、战略游戏和机器人运用。机器学习研究的任何进展，都将促成人工智能水平的提高。

机器学习是一种实现人工智能的方法，而深度学习是一种实现机器学习的技术，二者大体上没有差别。

机器学习最基本的做法就是使用算法来解析数据并从中学习，然后对真实世界中的事件做出决策和预测。举个简单的例子，当我们浏览网上商城时，经常会出现商品推荐的信息。这是因为商城会根据消费者往期的购物记录和冗长的收藏清单，识别出他们真正感兴趣且愿意购买的产品。所以这样的决策模型，可以有效地帮助商城为客户提供建议并且鼓励客户进行消费。

深度学习不是一种独立的学习方法，其本身会用到有监督和无监督的学习方法来训练深度神经网络。但由于近几年该领域发展迅猛，一些特有的学习手段相继被提出，如残差网络，因此越来越多的人将其单独看成一种学习方法，不过其本质还是归结为机器学习的一部分。

为了可视化地展现两者之间的关系，可以使用最简单的方法——同心圆，如图1.14所示。图中给出了人工智能、机器学习、表征学习、深度学习之间的关系。人工智能包含机器学习，机器学习包含表征学习，表征学习包含深度学习。不管是哪一种学习，都不是相互排斥的，在实际应用中，往往是结合各自的优点组合使用的。

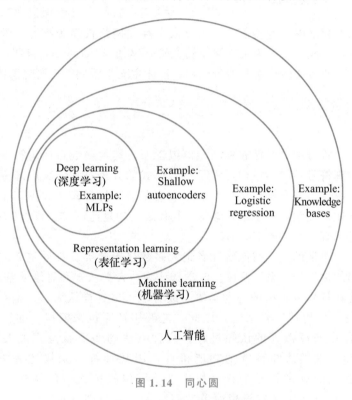

图 1.14　同心圆

## 1.6　人工智能的实现途径

### 发现故事6：符号主义创始人纽厄尔

符号主义创始人纽厄尔（A. Newell）（见图1.15）是计算机科学和认知信息学领域的科学家，曾在兰德公司、卡内基梅隆大学的计算机学院、泰珀商学院和心理学系任职和教研。他是信息处理语言（Information Processing Language，IPL）的发明者之一，并参与编写了该语言最早的两个启发或探索程序"逻辑理论家"（Logic Theorist）和"通用问题求解器"

图 1.15　符号主义创始人纽厄尔

(General Problem Solver)。1975 年，他和西蒙（H. A. Simon）一起因人工智能方面的基础贡献被授予图灵奖。1992 年 6 月，美国时任总统布什为他颁发了美国国家科学奖章。

在人工智能多年的研究过程中，由于人们对智能本质的理解和认识不同，形成了人工智能的多种不同的途径。不同的研究途径具有不同的学术观点，采用不同的研究方法，形成了不同的研究学派。目前，在人工智能界主要的研究学派有符号主义、连接主义、学习主义、行为主义、进化主义和群体主义等。符号主义学派以物理符号系统假设和有限合理性原理为基础；连接主义学派以人工神经网络模型为核心；学习主义学派让机器像婴儿一样学习成长；行为主义学派侧重研究感知-行动的反应机制；进化主义学派对进化进行模拟，使用遗传算法和遗传编程；群体主义学派侧重于研究群体的智慧。

### 1.6.1　符号主义

【人工智能的
实现途径】

符号主义学派亦称功能模拟学派，其主要观点认为智能活动的基础是物理符号系统，思维过程是符号模式的处理过程。其原理主要为物理符号系统（即符号操作系统）假设和有限合理性原理，长期以来，一直在人工智能研究领域处于主导地位，其代表人物是纽厄尔、肖（J. Shaw）、西蒙和尼尔森（N. J. Nilsson）。

早期的人工智能研究者绝大多数属于此类。符号主义的实现基础是纽厄尔和西蒙提出的物理符号系统假设。该学派认为，人类认知和思维的基本单元是符号，而认知过程就是在符号表示上的一种运算。或者也可以这样认为，人是一个物理符号系统，计算机也是一个物理符号系统，因此，能够用计算机来模拟人的智能行为，即用计算机的符号操作来模拟人的认知过程。这种方法的实质就是模拟人的左脑抽象逻辑思维，通过研究人类认知系统的功能机理，用某种符号来描述人类的认知过程，并把这种符号输入能处理符号的计算机中，就可以模拟人类的认知过程，从而实现人工智能。可以把符号主义的思想简单地归结为"认知即计算"。

在后来的许多年中，人工智能和认知科学都在这个假设所描绘的领域中进行了大量的研究。物理符号系统假设导致了三个重要的方法论方面的保证。

（1）从符号主义的观点来看，符号的使用及符号系统可作为描述世界的中介。

（2）搜索机制的设计，尤其是启发式搜索，用来探索这些符号系统能够支持的可能推理空间。

（3）认知体系结构的分离，这里的意思是假设一个合理设计的符号系统能够提供智能的完整的因果理由，不考虑其现实的方法。

基于这样的观点，最后人工智能变成经验式和构造式的学科，它试图建立智能的工作模型来理解智能。

以符号主义的观点看,知识表示是人工智能的核心,认知就是处理符号,推理就是采用启发式知识及启发式搜索对问题求解的过程,而推理过程又可以用某种形式化的语言来描述。符号主义主张用逻辑方法来建立人工智能的统一理论体系,但是存在常识问题及不确定性事物的表示和处理问题,因此受到其他学派的批评。

### 1.6.2　连接主义

基于神经元和神经网络的连接机制和学习算法的人工智能学派是连接主义,亦称结构模拟学派。这种学派研究具有能够进行非程序的、可适应环境变化的、类似人类大脑风格的信息处理方法的本质和能力。这种学派的主要观点认为,大脑是一切智能活动的基础。因而,连接主义从大脑神经元及其连接机制出发进行研究,搞清楚大脑的结构及其进行信息处理的过程和机理,致力于揭示人类智慧的奥秘,从而真正实现人类智能在机器上的模拟。

该方法的主要特征表现在,以分布式的方法存储信息,以并行方式处理信息,具有自组织、自学习能力,适合于模拟人的形象思维,可以比较快地得到一个近似解。正是这些特点,使神经网络为人们在利用机器加工处理信息方面提供了一个全新的方法和途径。但是这种方法不适合模拟人们的逻辑思维过程,并且人们发现,已有的模型和算法也存在一定的问题,理论上的研究也有一定的难点,因此单靠连接机制解决人工智能的全部问题是不现实的。

连接主义的代表性成果是麦克洛奇和皮兹于1943年提出的一种基于神经元结构的数学模型,即M-P模型,并由此组成一种前馈网络。可以说M-P模型是人工神经网络最初的模型,开创了神经计算的时代,为人工智能创造了一条用电子装置模拟人脑结构和功能的新途径。从此之后,神经网络理论和技术研究不断发展,并在图像处理、模式识别等领域取得重要突破,为实现连接主义的智能模拟创造了条件。

### 1.6.3　学习主义

学习是一个有特定目的的知识获取和能力增长的过程。其内在行为是获取知识、积累经验、发现规律;其外部表现是改进性能、适应环境、实现自我完善。

赋予机器以学习能力是设计人工智能的根本性问题,对这一问题的解决或许意味着真正的人工智能的到来,但这也是一个非常困难的问题。尽管如此,机器学习仍然是人工智能中一个难以绕开的问题,是模式识别、计算机视觉、知识发现与数据挖掘、人工神经网络、专家系统等许多人工智能分支中的瓶颈问题和热点问题,因此人们应多从应用的角度出发,研究适合于各自领域的机器学习的方法。

### 1.6.4　行为主义

行为主义学派亦称行为模拟学派,认为智能行为的基础是"感知-行动"的反应机制。

行为主义学派认为人工智能源于控制论。控制论思想早在20世纪40—50年代就成为时代思潮的重要部分,影响了早期的人工智能工作者。维纳(N. Wiener)和麦克洛奇等提出的控制论和自组织系统,以及钱学森等提出的工程控制论和生物控制论，影响了许多领域。控制论把神经系统的工作原理与信息理论、控制理论、逻辑及计算机联系起来。早期的研究工作重点是模拟人在控制过程中的智能行为和作用，如对自寻优、自适应、自镇定、自组织和自学习等控制论系统的研究，并进行"控制论动物"的研制。到20世纪60—70年代，上述这些控制论系统的研究取得一定进展，播下智能控制和智能机器人的种子，并在20世纪80年代诞生了智能控制和智能机器人系统。行为主义是在20世纪末才以人工智能新学派的面孔出现的，引起了许多人的兴趣。这一学派的代表者首推布鲁克斯（R. A. Brooks）的六足行走机器人（或称机器虫），它被看成是新一代的"控制论动物"，是一个基于"感知-行动"模式模拟昆虫行为的控制系统。

1991年，布鲁克斯提出了无须知识表示的智能和无须推理的智能。他认为智能只是在与环境交互作用中表现出来的，不应采用集中式的模式，而需要具有不同的行为模块与环境交互，以此来产生复杂的行为。他认为任何一种表达方式都不能完全代表客观世界中的真实概念，因而用符号串表示智能过程是不妥当的。这在许多方面是行为心理学在人工智能中的反映。基于行为的基本观点可以概括为以下几点。

（1）知识的形式化表达和模型化方法是人工智能的重要障碍之一。

（2）智能取决于感知和行动，应直接利用机器对环境作用后，以环境对作用的响应为原型。

（3）智能行为只能体现在世界中，通过与周围环境交互而表现出来。

（4）人工智能可以像人类智能一样逐步进化，分阶段发展和增强。

布鲁克斯这种基于行为（进化）的观点开辟了人工智能研究的新途径。以这些观点为基础，布鲁克斯研制出了一种机器虫，用一些相对对立的功能单元，分别实现避让、前进和平衡等基本功能，组成分层异步分布式网络，取得了一定的成功，特别是为机器人的研究开创了一种新方法。

行为主义思想被提出后引起了人们的广泛关注，有人认为布鲁克斯的机器虫在行为上的成功并不能产生高级控制行为，指望让机器从昆虫的智能进化到人类的智能只是一种幻想。尽管如此，行为主义学派的兴起，仍表明了控制论和系统工程的思想将进一步影响人工智能的发展。

## 1.6.5　进化主义

进化主义模仿的是自然界生物的进化过程，通过随机抽取、适应评价、交互以及突变来改变内部的状态，反复迭代计算直至得到最优解，对计算机科学，特别是人工智能的发展产生了很大影响。自然选择决定了哪些个体能够生存和繁衍，自然选择的法则是适应者生存，不适应者淘汰，简称优胜劣汰。

自然进化的这些特征早在20世纪60年代就引起了美国密歇根大学霍兰德（J. H. Holland）的极大兴趣。霍兰德注意到学习不仅可以通过单个生物个体的适应实现，而且可以通过一个种群许多代的进化适应来实现。进化主义是从一个随机生成的个体出发，效仿生物的遗传方式，衍生出下一代，再根据适应度的大小进行个体的优胜劣汰，提高新一代群体的质量。

基于进化主义理论的人工智能应用有"海星机器人"。该机器人由佛蒙特大学的邦加德研制，能够通过内部模拟来"感知"自己身体各部件的状况，并进行连续建模，从而在不需要外部编程的情况下自己学会走路。

### 1.6.6　群体主义

群体主义是指通过研究集体层面表现的分散的、去中心化的自组织行为，从而应用到人工智能上的一种思想方法。例如，蚁群、蜂群构成的复杂类社会系统，鸟群、鱼群为适应空气或海水而构成的群体迁移，以及微生物、植物在适应生存环境时所表现的集体智能。它的控制是分布式的，不存在中心控制，群体具有自组织性。

自20世纪90年代意大利学者多里戈（M. Dorigo）提出蚁群优化（Ant Colony Optimization，ACO）理论以来，群体主义逐渐吸引了大批学者的关注，从而掀起了研究高潮。1995年，肯尼迪（J. Kennedy）等提出粒子群优化算法（Particle Swarm Optimization，PSO），此后群体主义研究迅速展开，但大部分工作都是围绕ACO和PSO进行的。

目前，群体主义的研究内容主要包括智能蚁群算法和粒子群算法。智能蚁群算法主要包括蚁群优化算法、蚁群聚类算法和多机器人协同合作系统。其中，蚁群优化算法在求解实际问题时应用最为广泛。

## 1.7　人工智能的应用

### 发现故事7：指纹防盗门

现在市面上流行一种指纹防盗门，如图1.16所示。指纹防盗门以手指取代传统的钥匙，使用时只需将手指平放在指纹采集仪的采集窗口上，即可完成开锁任务，操作十分简便，消除了其他门禁系统（传统机械锁、密码锁、识别卡等）有可能被伪造、盗用、遗忘和破译等弊端。

【2019世界
人工智能大会】

图 1.16　指纹防盗门

当前，几乎所有的学科及其分支都在共享着人工智能领域所提供的理论和技术。这里列举一些人工智能经典的、有代表性的和有重要影响的应用领域。

1. 专家系统

专家系统（Expert System）是一类具有专门知识和经验的计算机智能

【人工智能
的应用】

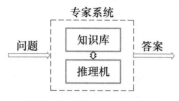

图 1.17 专家系统的结构

程序系统，其内部含有大量的某个领域专家水平的知识与经验。它通过对人类专家的问题求解能力建模，采用人工智能中的知识表示和知识推理技术来模拟通常由专家才能解决的复杂问题，达到与专家同等解决问题的能力水平。简而言之，专家系统是一种模拟人类专家解决领域问题的计算机程序系统。从专家系统的结构（见图 1.17）可以了解到，这种基于知识的系统设计方法是以知识库和推理机为中心而展开的，即专家系统＝知识库＋推理机。

专家系统把知识从系统中与其他部分分离开来，其强调的是知识而不是方法。很多问题没有基于算法的解决方案或算法方案太复杂，因此可采用专家系统，利用人类专家拥有的丰富知识来解决，专家系统也称为基于知识的系统（Knowledge-Based System）。一般来说，一个专家系统应该具备以下三个要素。

（1）具备某个应用领域的专家级知识。

（2）能模拟专家的思维。

（3）能达到专家级解决问题的水平。

20 世纪 80 年代以来，在知识工程的推动下，涌现出了不少专家系统开发工具，如 EMYCIN、CLIPS（OPS5、OPS83）、G2、KEE、OKPS 等。

### 2. 数据挖掘

数据挖掘是人工智能领域中一个令人激动的成功应用，它能够满足人们从大量数据中挖出隐含的、未知的、有潜在价值的信息和知识要求。数据挖掘是一种决策支持过程，它主要基于人工智能、机器学习、模式识别、统计学、数据库、可视化技术等，高度自动化地分析企业的数据，做出归纳性的推理，从中挖掘出潜在的模式，帮助决策者调整市场策略，减少风险，做出正确的决策。对数据拥有者而言，数据挖掘就是在其特定工作或生活环境里，自动发现隐藏在数据内部的、可被利用的信息和知识。

数据挖掘是通过分析每个数据，从大量数据中寻找其规律的技术，主要有数据准备、规律寻找和规律表示三个步骤。数据准备是从相关的数据源中选取所需的数据并整合成用于数据挖掘的数据集；规律寻找是用某种方法将数据集所含的规律找出来；规律表示是尽可能以用户可理解的方式（如可视化）将找出的规律表示出来。数据挖掘的任务有关联分析、聚类分析、分类分析、异常分析、特异群组分析和演变分析等。

近年来，数据挖掘引起了信息产业界的极大关注，其主要原因是存在大量数据可以使用，并且迫切需要将这些数据转换成有用的信息和知识。获取的信息和知识可以广泛用于各种应用，包括商务管理、生产控制、市场分析、工程设计和科学探索等。数据挖掘利用了以下理论：统计学的抽样、估计和假设检验、人工智能、模式识别和机器学习的搜索算法、建模技术和学习理论。

数据挖掘也迅速地接纳了来自其他领域的思想，这些领域包括最优化、进化计算、信息论、信号处理、可视化和信息检索。一些技术对数据挖掘起到重要的支撑作用。例如，需要数据库系统提供有效的存储、索引和查询处理支持；源于高性能（并行）计算的技术在处理海量数据集方面常常是重要的；分布式技术也能帮助处理海量数据，并且当数据不能集中到一起处理时更是至关重要。

目前，数据挖掘在市场营销、银行、制造业、保险业、计算机安全、医药、交通和电信等领域已经有许多成功的应用案例。具有代表性的数据挖掘工具或平台有 SAS 公司的 SAS Enterprise Miner、IBM 公司的 Intelligent Miner、Solution 公司的 Clementine、Cognos 公司的 Scenario、中国科学院计算技术研究所智能信息处理重点实验室开发的大数据挖掘云引擎 CBDME 等。

### 3. 自然语言处理

自然语言处理研究计算机通过人类熟悉的自然语言与用户进行听、说、读、写等交流技术。它是一门与语言学、计算机科学、数学、心理学和声学等学科相联系的交叉性学科。自然语言处理研究的内容主要包括语言计算（语音、音位、词法、句法、语义和语用等各个层面上的计算）、语言资源建设（计算词汇学、术语学、电子词典、语料库和知识本体等）、机器翻译或机器辅助翻译、语言文字输入输出及智能处理、手写和印刷识别、语音识别及语种转换、信息检索、信息抽取与过滤、文本分类、搜索引擎和以自然语言为枢纽的多媒体检索等。

中文信息处理（包括对汉语及少数民族语言的信息处理）在我国信息领域科学技术进步与产业发展中占有特殊位置，推动着我国信息科技与产业的发展，如王选的汉字激光照排（两次获得国家科技进步一等奖）、联想汉卡（获国家科技进步一等奖）、丁晓青的清华文通汉字 OCR 系统（获国家科技进步二等奖）等。这些体现着鲜明的自主创新精神的成果，既是我国中文信息处理事业发展历程的见证，同时也为该学科未来的蓬勃发展提供了宝贵的精神财富。

我们已经进入以互联网为主要标志的海量信息时代。一个与此相关的严峻事实是，数字信息有效利用已成为制约信息技术发展的一个瓶颈问题。自然语言处理无可避免地成为信息科学技术成长中长期发展的一个新的战略制高点。《国家中长期科学和技术发展规划纲要（2006—2020 年）》指出，我国将促进"以图像和自然语言理解为基础的'以人为中心'的信息技术发展，推动多领域的创新"。

### 4. 智能机器人

智能机器人是一种自动化的机器，具有相当发达的"大脑"，具备一些与人或生物相似的智能能力，如感知能力、规划能力、动作能力和协同能力，是一种具有高度灵活性的自动化机器。随着人们对机器人技术智能化本质认识的加深，机器人技术开始向人类活动的各个领域渗透。结合这些领域的应用特点，人们发展了各式各样的具有感知、决策、行动和交互能力的特种机器人和各种智能机器，如移动机器人、微机器人、水下机器人、医疗机器人、军用机器人、空间机器人和娱乐机器人等。

智能机器人根据智能可以分为以下四类。

（1）工业机器人。它只能死板地按照人给它规定的程序工作，不管外界条件有何变化，都不能对程序也就是对所做的工作进行相应的调整。如果要改变机器人所做的工作，必须由人对程序进行相应的改变，因此它是毫无智能的。

（2）初级智能机器人。它和工业机器人不一样，它具有像人一样的感受、识别、推

理和判断能力,可以根据外界条件的变化,在一定范围内自行修改程序,也就是它能适应外界条件变化对自己做出相应调整。不过,修改程序的原则由人预先给予规定。这种初级智能机器人已拥有一定的智能,虽然还没有自动规划能力,但也开始走向成熟,达到实用水平。

（3）陪护机器人。陪护机器人应用于养老院或社区服务站环境,具有生理信号检测、语音交互、远程医疗、智能聊天、自主避障漫游等功能。

陪护机器人能在养老院环境实现自主导航避障功能,能够通过语音和触屏进行交互;配合相关检测设备,具有血压、心跳、血氧等生理信号检测与监控功能,可无线连接社区网络并传输到社区医疗中心,紧急情况下可及时报警或通知亲人;具有智能聊天功能,可以辅助老人心理康复。陪护机器人为人口老龄化带来的重大社会问题提供了一种解决方案。

（4）高级智能机器人。高级智能机器人和初级智能机器人一样,具有感觉、识别、推理和判断能力,同样可以根据外界条件的变化,在一定范围内自行修改程序。与初级智能机器人所不同的是,高级智能机器人修改程序的原则不是由人规定的,而是机器人自己通过学习、总结经验来获得修改程序的原则。所以它的智能高于初级智能机器人。这种机器人已拥有一定的自动规划能力,能够自己安排自己的工作。这种机器人可以不需要人的照料,完全独立地工作,故称为高级自律机器人。这种机器人也开始向实用的方向发展。

智能机器人具有广阔的发展前景,尽管国内外对智能机器人的研究已经取得了很多成果,但智能化水平还不是很高,因此必须加快智能机器人的发展。智能机器人的作业环境是相当复杂的,要想让机器人有比较高的智能水平,则要解决其所面临的许多问题。人类应该多向自然界学习,通过对自然界生物的学习、模仿、复制和再造,从中发现相关的理论和技术方法,应用到机器人中,使得机器人在功能和技术水平上不断地有所突破,从而生产出更先进、更智能的机器人。

尽管对智能机器人的研究取得了显著的成绩,但控制论专家们认为它可以具备的智能水平的极限远未达到。问题不仅在于计算机的运算速度不够和感觉传感器种类少,而且还在于其他方面,如缺乏编制机器人理智行为程序的设计思想。因此,智能机器人与真正意义的生命智能还相距甚远,机器人视觉和语言交流是其中的两个主要难点。

5. 模式识别

模式识别（Pattern Recognition）是指对表征事物或现象的各种形式的信息进行处理和分析,以便对事物或形象进行描述、辨认、分类和解释的过程。模式是信息赖以存在和传递的形式,如谐波信号、图形、文字、物体的形状、行为的方式和过程的状态都属于模式的范畴。人们通过模式感知外部世界的各种事物或现象,这是获取知识、形成概念和做出反应的基础。

早期的模式识别研究强调真人脑形成概念和识别模式的心理和生理过程。20 世纪 50 年代,罗森布拉特（F. Rosenblatt）提出的感知器是一个模式识别系统,也是把它作为人脑的数学模型来研究的。但随着实际应用的需要和计算技术的发展,模式识别研究多采用不同于生物控制论、生理学和心理学等方法的数学技术方法。1957 年,我国的周绍康首先提出用决策理论方法对模式进行识别。1962 年,纳拉西曼（R. Narasimhan）提出了模式识别的句法方法，此后美籍华人学者傅京孙深入地展开了这方面的研究，并于1974年出版了第一本专著《句法模式识别及其应用》。现代发展的各种模式识别方法基本上都可以归纳为决策理论方法和结构方法两大类。

随着信息技术应用的普及，模式识别呈现多样性和多元化的趋势，可以在不同的概念粒度上进行，其中生物特征识别是模式识别研究活跃的领域，包括语音识别、文字识别、图像识别和人物景象识别等。生物特征的身份识别技术，如指纹（掌纹）身份识别、人脸身份识别、签名身份识别、虹膜身份识别和行为姿态身份识别也是研究的热点，通过小波变换、模糊聚类、遗传算法、贝叶斯理论、支持向量机等方法进行图像分割、特征提取、分类、聚类和模式匹配，使得身份识别成为确保经济安全、社会安全的重要工具。

### 6. 分布式人工智能

分布式人工智能（Distributed Artificial Intelligence）研究一组分布的、松散耦合的智能体如何运用它们的知识、技能和信息，以实现各自的或全局的目标协同工作。20世纪90年代以来，互联网的迅速发展为新的信息系统、决策系统和知识系统的发展提供了极好的条件，它们在规模、范围和复杂程度上增长极快，分布式人工智能技术的开发与应用越来越成为这些系统成功的关键。

分布式人工智能的研究可以追溯到20世纪70年代末期。早期分布式人工智能的研究主要是分布式问题求解，其目标是创建大粒度的协作群体，它们之间共同协作以对某一问题进行求解。1983年，休伊特（C. Hewitt）和他的同事们研制了基于ACTOR模型的并发程序设计系统。ACTOR模型提供了分布式系统中并行计算理论和一组专家或ACTOR获得智能行为的能力。1991年，休伊特提出了开放信息系统语义，指出竞争、承诺协作和协商等性质作为分布式人工智能的科学基础，试图为分布式人工智能的理论研究提供新的基础。1983年，马萨诸塞大学的莱塞（V. R. Lesser）等研制了分布式车辆监控测试系统DVMT。1987年，加瑟（L. Gasser）等研制了MACE系统，这是一个实验型的分布式人工智能系统开发环境。MACE中每一个计算单元都称为智能体，它们具有知识表示和推理能力，智能体之间通过消息传送进行通信。

20世纪90年代以来，智能体和多智能体系统成为分布式人工智能研究的主流。智能体可以看作一个自动执行的实体，它通过传感器感知环境，通过效应器作用于环境。智能体的BDI模型，是基于智能体的思维属性建立的一种形式模型，其中B表示Belief（信念），D表示Desire（愿望），I表示Intention（意图）。多智能体系统即由多个智能体组成的系统，研究的核心是如何在一群自主的智能体之间进行行为的协调。多智能体系统可以构成一个智能体的社会，其形式包括群体、团队、组织和联盟等，具有更大的灵活性和适应性，更适合开放和动态的世界环境，成为当今人工智能的研究热点。

### 7. 互联网智能

如果说计算机的出现为人工智能的实现提供了物质基础，那么互联网的产生和发展则为人工智能提供了更加广阔的空间，成为当今人类社会信息化的标志。互联网已经成为越来越多人的"数字图书馆"，人们普遍使用Google、百度等搜索引擎，为自己的日常工作和生活服务。

语义网络（Semantic Web）追求的目标是让网络上的信息能够被机器所理解，从而实现网络信息的自动处理，以适应网络信息资源的快速增长，更好地为人类服务。语义网络提供了一个通用的框架，允许跨越不同应用程序、企业和团体的边界共享和重用数据。语义网络是 W3C 领导下的协作项目，有大量研究人员和业界伙伴参与。语义网络以资源描述框架（Resource Description Framework，RDF）为基础。RDF 以可扩展标记语言（Extensible Markup Language，XML）作为语法，以统一资源标识符（Oniform Resource Identifier，URI）作为命名机制，将各种不同的应用集成在一起。

语义网络成功地将人工智能的研究成果应用到了互联网，包括知识表示、推理机制等。人们期待未来的互联网是一个按需索取的百科全书，可以定制搜索结果，可以搜索隐藏的网页，可以考虑用户所在的位置，可以搜索多媒体信息，甚至可以为用户提供个性化服务。

### 8. 博弈

博弈是人类社会和自然界中普遍存在的一种现象，如下棋、打牌、战争等。博弈的双方可以是个人、群体，也可以是生物群或智能机器，各方都力图用自己的智慧获取成功或击败对方。博弈过程可能产生庞大的搜索空间。要搜索这些庞大而且复杂的空间需要使用强大的技术来判断备择状态、探索问题空间，这些技术被称为启发式搜索。博弈为人工智能提供了一个很好的实验场所，可以对人工智能的技术进行检验，以促进这些技术的发展。

【首例免疫艾滋病基因编辑婴儿】

在人工智能发展史上，1952 年，塞缪尔（A. Samuel）研发的跳棋程序打败了自己。1997 年 5 月 11 日，IBM 公司的深蓝超级计算机战胜了国际象棋大师卡斯帕罗夫。2006 年 8 月 9 日，在北京举办的首届中国象棋大赛中，计算机以 3 胜 5 平 2 负的微弱优势战胜人类象棋大师。

下棋是一个典型的博弈过程，它的求解通常是一个启发式搜索的过程。下棋博弈中，以棋盘的全部格局作为状态，以合法的走步为操作，以启发式知识为导航，在一个状态空间内寻找到达胜利的路径。博弈中的棋局易于在计算机中表示，根本不需要表征更复杂问题所必需的复杂格式。博弈的简单性使测试博弈程序没有任何经济道德上的负担。状态空间搜索是大多数博弈研究的基础。

## 本章小结

本章首先提出了什么是人工智能这一问题。人工智能是研究可以理性地进行思考和执行动作的计算模型的学科，是人类智能在计算机上的模拟。除了了解什么是人工智能外，我们还需要了解人工智能的发展历程。人工智能作为一门学科，经历了孕育、形成和发展等几个阶段，并且还在不断地发展中。人工智能的研究和应用也是本章的主要内容。如今人工智能飞速发展，只有先从理论入手，掌握这些基本理论和概念，才能更好地深入学习人工智能及相关技术。

# 习 题

1. 什么是人工智能？它的研究目标是什么？

2. 人工智能学科已经创建 60 多年，列举你所知道的成功应用，以及失败的教训。

3. 人工智能发展历经的时期有哪些？

4. 人工智能的研究内容是什么？

5. 人工智能的实现途径有哪些？

6. 未来人工智能有可能在哪些方面有所突破？

7. 人工智能的长期目标是人类水平的人工智能，我们应该如何实现这个目标？

【第1章 在线答题】

# 第2章
# 机器学习

机器学习是一门多领域交叉性学科，涉及概率论、统计学、逼近论、凸分析、算法复杂度理论等多门学科。它通过研究计算机怎样模拟或实现人类的学习行为，以获取新的知识或技能，并凭借重新组织已有的知识结构来不断改善自身的性能。它是人工智能的核心，也是使计算机具有智能的根本途径。那么，机器学习系统主要由哪几部分组成，有哪些重要问题需要研究？这些问题将在本章中找到答案。

 教学目标

❯ 了解机器学习的特点及应用情况；
❯ 掌握主要的机器学习方式；
❯ 理解机器学习的原理和主要类型；
❯ 了解机器学习的应用价值。

 教学要求

| 知识要点 | 能力要求 | 相关知识 |
| --- | --- | --- |
| 机器学习概述 | （1）了解机器学习的概念；<br>（2）掌握简单的机器学习模型 | 机器学习模型 |
| 归纳学习 | （1）了解归纳学习的基本概念；<br>（2）掌握变形空间学习方法；<br>（3）掌握决策树及其构造方法 | 决策树 |
| 类比学习 | （1）了解常用典型距离及类比学习的定义；<br>（2）理解 S-MEA 算法；<br>（3）掌握基于案例的推理、迁移学习等方法 | 迁移学习 |

续表

| 知识要点 | 能力要求 | 相关知识 |
|---|---|---|
| 统计学习 | (1) 了解统计学习的定义；<br>(2) 理解统计学习的逻辑回归、支持向量机等方法；<br>(3) 掌握统计学习的步骤，实现 AdaBoost 算法 | 逻辑回归<br>支持向量机 |
| 强化学习 | (1) 了解强化学习模型；<br>(2) 理解学习自动机方法；<br>(3) 掌握自适应动态程序设计 Q-学习等强化学习方法 | 学习模型<br>学习自动机 |
| 进化计算 | (1) 了解进化计算的方法；<br>(2) 理解进化算法、遗传算法；<br>(3) 掌握进化策略、进化规划 | 进化算法<br>遗传算法 |
| 群体智能 | (1) 了解群体智能的概念；<br>(2) 理解蚁群算法；<br>(3) 掌握粒子群优化算法 | 蚁群算法<br>粒子群优化算法 |
| 知识发现 | 了解知识发现的过程 | 数据预处理<br>数据挖掘 |

思维导图

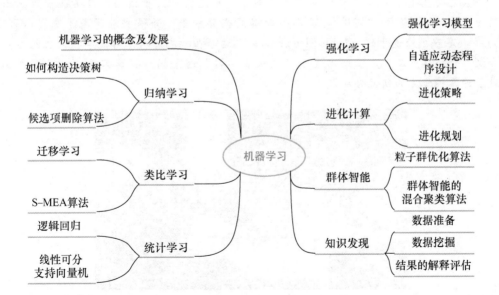

**推荐阅读资料**

1. 周志华，2016. 机器学习［M］. 北京：清华大学出版社.
2. Aurélien Géron，2018. 机器学习实战：基于 Scikit-Learn 和 TensorFlow［M］. 王静源、贾玮、边蕤，等译. 北京：机械工业出版社.

**基本概念**

机器学习（Machine Learning，ML）是人工智能时代的核心技术，机器学习是实现人工智能的一个重要途径，即以机器学习为手段解决人工智能中的问题。机器学习在近30多年已发展为一门多领域交叉学科，涉及概率论、统计学、逼近论、凸分析、计算复杂性理论等多门学科，致力于研究如何通过计算的手段，利用经验来改善系统自身的性能。在计算机系统中，"经验"通常以"数据"的形式存在，因此，机器学习所研究的主要内容，是关于在计算机上从"数据"中产生"模型"的算法，即"学习算法"。有了学习算法，我们把经验数据提供给它，它就能基于这些数据产生模型，在面对新的情况时，模型会给我们提供相应的判断。如果说计算机科学是研究关于"算法"的学科，那么，机器学习就可以说是研究关于"学习算法"的学科。

**引例1：**"机器学习"的由来

1952年，塞缪尔在IBM公司的晶体管计算机上（内存仅为32k）研制了一个西洋跳棋程序（见图2.1）。这个程序具有自学习能力，可通过对大量棋局的分析逐渐辨识出当前局面下的"好棋"和"坏棋"，从而不断提高棋弈水平，并很快就下赢了塞缪尔自己。1956年，塞缪尔应麦卡锡（John McCarthy）之邀，在标志着人工智能学科诞生的达特茅斯会议上介绍这项工作，塞缪尔发明了"机器学习"这个词，将其定义为"不显式编程地赋予计算机能力的研究领域"。

图 2.1 塞缪尔与西洋跳棋程序

**引例2**：曼哈顿距离与赫尔曼·闵可夫斯基

曼哈顿距离（Manhattan Distance）亦称"出租车几何"（Taxicab Geometry），是德国数学家闵可夫斯基（H. Minkowski）所创的词汇，如图2.2所示。曼哈顿距离标明了几何度量空间中两点在标准坐标系上的绝对轴距总和，这恰是规划为方形区块的城市里两点之间的最短行程。例如，从曼哈顿的第五大道与33街的交点前往第三大道与23街的交点，需走过（5－3）＋（33－23）＝12个街区。

图2.2 闵可夫斯基

闵可夫斯基出生于俄国亚力克索塔斯的一个犹太人家庭，他八岁时随全家移居普鲁士哥尼斯堡。闵可夫斯基从小就被称为神童，他熟读莎士比亚（W. Shakespeare）、席勒（E. Schiele）和歌德（J. W. V. Goethe）的作品，几乎能全文背诵《浮士德》；八岁进入预科学校，仅用五年半就完成了八年的学业；十七岁时建立了 $n$ 元二次型的完整理论体系，解决了法国科学院公开悬赏的数学难题。1908年9月，他在科隆的一次学术会议上做了《空间与时间》的著名演讲，提出了四维时空理论，为广义相对论的建立开辟了道路。

## 2.1 机器学习概述

### 2.1.1 简单的学习模型

学习能力是人类智能最基本的特征，人类可以通过学习来提高自己的能力、改进自己的不足。学习的基本机制是设法把在一种情况下成功的表现行为转移到另一类似的新情况中去。1983年，西蒙把学习定义为：能够让系统在执行同一任务或同类的另外一个任务时，比前一次执行得更好的任何改变。这个定义虽然简洁，却指出了设计学习程序所要注意的问题。学习包括对经验的泛化，不仅是重复同一任务，而且领域中相似的任务都执行得更好。因为感兴趣的领域可能很广，学习者通常只研究所有可能例子中的一小部分。从有限的经验中，学习者必须能够泛化并正确地推广领域中未见的数据，这是个归纳的问题，也是学习的中心问题。在大多数学习问题中，不管采用哪种算法，能用的数据不足以保证最优的泛化，学习者必须采取启发式的泛化，也就是说，他们必须选取经验中对未来更为有效的部分。

从事专家系统研究的学者认为，学习就是知识获取。因为在专家系统的建造中，知识的自动获取是很困难的，所以知识获取似乎就是学习的本质。另外，也有观点认为，学习是对客观经验表示的构造或修改，客观经验包括对外界事物的感受及内部的思考过程。学习系统就是通过这种感受和内部的思考过程来获取对客观世界的认识，其核心问题就是对这种客观经验的表示形式进行构造或修改。从认识论的观点来看，学习是事物规律的发现过程，这种观点将学习看作从感性知识到理性知识的认识过程，从表层知识到深层知识的泛化过程。也就是说，学习是发现事物规律，上升形成理论的过程。

总结以上观点可以认为，学习是一个有特定目的的知识获取过程，可以在这个过程中通过获取知识、积累经验、发现规律，使系统性能得到改进，实现系统的自我完善和环境的自适应。图2.3给出了简单的学习模型。

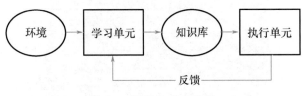

图 2.3　简单的学习模型

下面对简单的学习模型中的各个模块进行说明。

1. 环境

环境是指系统外部信息的来源，它可以是系统的工作对象，也可以是工作对象及其外界条件。例如，在控制系统中，环境是生产流程或受控的设备。环境可以为学习系统提供获取知识所需的相关对象的素材和信息，同时，高质量、高水平的信息构造将很大程度上影响学习系统获取知识的能力。

信息的水平是指信息的抽象化程度。其中，高水平信息比较抽象，适用于更广泛的问题；低水平信息比较具体，只适用于个别问题。如果环境提供比较抽象的高水平信息，那么针对比较具体的对象，学习单元就要补充一些与该对象相关的细节。相反，如果环境提供具体的低水平信息，学习单元就要由此归纳出规则，以便完成更广的任务。

信息的质量是指事物表述的正确性、选择的适当性和组织的合理性。信息质量对学习难度有明显的影响。例如，若向系统提供的示例能准确表述对象，且提供有利于学习的示例次序，则系统易于进行归纳，若示例中有噪声或示例的次序不太合理，则系统就难以进行归纳。

一般情况下，一个人的学习过程总是与所处的环境以及所具备的知识相联系的。同样，机器学习过程也与外界提供的信息环境以及机器内部所存储的知识库有关。

### 2. 学习单元

学习单元处理环境提供的信息，相当于各种学习算法。学习单元通过对环境的搜索获得外部信息，并将这些信息与执行单元所反馈回来的信息进行比较。一般情况下，环境提供的信息水平与执行单元所需的信息水平之间往往有差距，经过分析、综合、类比和归纳等思维过程，学习单元从这些差距中获取相关对象的知识，最后将这些知识存入知识库中。

### 3. 知识库

知识库用于存放由学习单元所学到的知识或技能。常用的知识表示方式有谓词逻辑、产生式规则、语义网络、特征向量方式等。

### 4. 执行单元

执行单元处理系统面临的现实问题，即应用知识库中所学到的知识求解问题，如智能控制、自然语言理解和定理证明等。对执行效果进行有效的评价，并且将评价的结果反馈给学习单元，以便于系统开始下一步的学习。执行单元的问题复杂性、反馈信息和执行过程的透明度均对学习单元有一定的影响。当执行单元解决当前问题后，根据执行的效果，要给学习单元反馈一些信息，以便改善学习单元的性能。

评价执行单元的效果一般有两种方法：一种评价方法是用独立的知识库进行评价，如自动数学家（Automated Mathematician，AM）程序用一些启发式规则评价所学到的新概念的重要性；另一种评价方法是以外部环境作为客观的执行标准，系统判定执行单元是否按照预期的标准进行工作，并由此反馈信息来评价学习单元所学到的知识。

### 2.1.2　什么是机器学习

机器学习是研究机器模拟人类的学习活动，是获取知识和技能的理论和方法，从不同程度上改善系统性能的学科。

下面讲解机器学习的任务目标、方法和策略。

表征学习算法的一个主要方式就是去考察学习的目标以及给定的数据。例如，在概念学习算法当中，初始状态是目标类的一组正例（通常也有反例），学习的目标是一个通用的定义。与采用大量数据的方法相反，基于解释的学习算法尝试着从单一的训练实例中和预先给定的特定领域的知识库中推出一般化的概念。

许多学习算法的目标是概念或物体类的通用描述。学习算法还可以制订计划，求解启发式信息的问题，获取其他形式的过程性知识。

机器学习程序利用各种知识表示方法，描述学到的知识。例如，物体分类的学习程序把概念表示为谓词演算的表达式或结构化表示，如框架或对象，把计划用操作的序列来描述或用三角表来描述。此外，对于启发式信息来说，可以用问题的求解规则来表示。

为了给定训练实例集，建立满足目标的泛化、启发式规则和计划的学习程序，就需要表示操作进行的能力。典型的操作包括泛化、特化符号的表达式，调整神经网络的权值，修改其他程序的表示方式。

上面的表示语言和操作定义了潜在概念意义的空间，学习程序必须搜索这个空间来寻找所期望的概念。概念空间的复杂度是学习问题困难程度的主要度量。

学习程序必须给出搜索的方向和顺序，并且要用好可用的训练数据和启发式信息来有效地进行搜索。这种利用启发式信息进行搜索的过程就称为启发式搜索。

机器学习研究的目标有三个，即人类学习过程的认知模型、通用学习算法以及构造面向任务的专用学习系统的方法。

（1）人类学习过程的认知模型。研究人类学习机理的认知模型，这种研究对人类的教育，对开发机器学习系统都有重要的意义。

（2）通用学习算法。通过对人类学习过程的研究，探索各种可能的学习方法，建立起独立于具体适用领域的通用算法。

（3）构造面向任务的专用学习系统。这一目标是要解决专门的实际问题，开发完成这些专门任务的学习系统。

### 2.1.3　机器学习知识点梳理

【梯度下降迭代法】

【牛顿迭代法】

【贝叶斯分析方法】

假设空间（Hypothesis Space）和损失函数（Loss Function）是机器学习中的两个基本概念。所谓假设空间，就是在机器学习中函数构成的空间。由输入空间到输出空间的映射集合是假设空间，模型就属于该集合。科技的突飞猛进造就了深度学习的模型，在该模型的"织网"上附着着前向、循环神经网络和生成对抗网络，除此之外还有一些经典的机器学习模型，可细分为监督模型、无监督模型、采样模型和强化模型等。为了能够学习一个模型，并且在任何输入的情况下，都能够做出一个好的预测，而产生"监督学习"。一旦假设空间确定了，也就意味着学习的范围被确定了。

损失函数是将随机事件映射为非负实数以表示该随机事件的风险或损失的函数。在实际应用中，通常用损失函数来联系学习准则与优化问题，具体来说就是通过最小化损失函数求解、评估模型。

机器学习可以按数据、监督和模型进行分类，例如，根据模型分类可分为生成式模型和判别式模型。模型的搭建只是机器学习当中的"一步棋"，走完这一步，紧接着就是必不可少的模型评估，再依据已存在的评价指标，如准确率、召回率和接受者操作特征（Receiver Operating Characteristic，ROC）曲线等来进行测试，可选择 A/B 测试，测试后需要利用评估方法，如交叉验证法和自助法，以及参数的选择正式开始对模型的评估。在这整个过程中，有可能会出现过拟合或欠拟合。为了减少这些情况的产生，对于前者可以通过获得更多的训练数据、降低模型复杂度，以及利用正则化方法来降低；而对于后者则可以通过添加新特征、增加复杂度和减小正则化系数来防止。

谈起机器学习，不禁令人浮想联翩，因为它涵盖了方方面面的知识，包括不少领域的业务应用和各种各样的算法。其中，优化算法有最大期望（Expectation Maximization，EM）算法，经典的反向传播、梯度下降、随机梯度下降算法，Adam 算法等；业务应用有自然语言处理、推荐系统、计算广告、并行计算和智能游戏。

### 2.1.4 机器学习的研究概况

由于机器学习的研究有助于发现人类学习的机理,揭示人脑的奥秘,所以在人工智能发展的早期,机器学习的研究就处于重要地位。

机器学习实际上已经存在了几十年或者也可以认为存在了几个世纪。最早可追溯到17世纪,贝叶斯定理、拉普拉斯最小二乘法和马尔可夫链,构成了机器学习的基础。从1950年(艾伦·图灵提议建立一个学习机器)到2000年年初(有了深度学习的实际应用),再到2012年的AlexNet,机器学习取得了很大的进展。

从20世纪50年代研究机器学习以来,不同时期的研究途径和目标不尽相同,研究过程大致可以划分为四个阶段。

第一个阶段从20世纪50年代中叶至60年代中叶,是机器学习的热烈时期,主要研究"有无知识的学习"。这类方法主要是研究系统的执行能力。在这个阶段,主要通过对机器的环境及其相应性能参数的改变来检测系统所反馈的数据,相当于给系统一个程序,通过改变它们的自由空间作用,使得系统受到程序的影响而改变自身的组织,最后选择一个最优的环境。这个阶段最具有代表性的研究是塞缪尔的下棋程序,但这种机器学习的方法还远远不能满足人们的需要。

第二个阶段从20世纪60年代中叶至70年代中叶,是机器学习的冷静时期,主要研究将各个领域的知识植入系统里。本阶段的研究目的是通过机器模拟人类学习的过程,同时还采用了图结构及其逻辑结构方面的知识进行系统化的描述。在这一研究阶段,主要用各种符号来表示机器语言。研究人员在进行实验时意识到,学习是一个长期的过程,从一般化的系统环境中无法学到更加深入的知识,因此研究人员将各类专家学者的知识加入系统里。经过实践证明,这种方法取得了一定的成效。1975年,温斯顿(P. H. Winston)发表了从实例学习结构描述的文章,重新激起了人们对机器学习的研究兴趣,由此也推动了许多有特色的学习算法的产生。

第三个阶段从20世纪70年代中叶至80年代中叶,是机器学习的复兴时期。人们开始把学习单个概念扩展到学习多个概念,探索不同的学习策略和学习方法,而且还开始把学习系统与各种应用结合起来。事实证明这取得了很大的成功。与此同时,专家系统在知识获取方面的需求也最大化地刺激了机器学习的研究和发展。在出现第一个专家学习系统之后,示例、归纳学习系统成为研究的主流,自动知识获取成为机器学习应用的研究目标。1980年,在美国的卡内基梅隆大学召开了第一届机器学习国际研讨会,这标志着机器学习的研究开始在全世界兴起。此后,机器学习开始得到了广泛的应用。1984年,西蒙等20多位人工智能专家共同编写的文集《机器学习》(*Machine Learning*)第二卷出版,国际性杂志《机器学习》(*Machine Learning*)创刊,更加显示出机器学习突飞猛进的发展趋势。这一阶段具有代表性的成果有莫斯托夫(D. J. Mostow)的指导式学习、莱纳特(D. Lenat)的数学概念发现程序、兰利(P. W. Langley)的BACON程序及其改进程序。

第四个阶段从20世纪80年代中叶至今,是机器学习的最新阶段。1984年,瓦伦特(L. G. Valiant)提出了"大概近似正确"(Probably Approximately Correct,PAC)机器

学习理论，他引入了类似在数学分析中的 $\varepsilon$-$\delta$ 语言来评价机器学习算法。PAC 理论对近代机器学习研究产生了重要的影响，如统计机器学习、集群学习（Ensemble）、贝叶斯网络和关联规则等。瓦普尼克（V. N. Vapnik）在他的著作《统计学习理论的本质》中提出了结构风险最小归纳原理和支持向量机学习方法。

机器学习进入新阶段主要表现在以下几个方面。

（1）机器学习已成为新的边缘学科并在高校形成一门课程。它综合应用心理学、生物学和神经生理学、数学、自动化和计算机科学，形成机器学习的理论基础。

（2）融合了各种学习方法，且形式多样的集成学习系统研究正在兴起。特别是在连接学习中，符号学习的耦合可以更好地解决连续性信号处理中知识与技能的获取与求精问题。

（3）机器学习与人工智能各种基础问题的统一性观点正在形成。例如，结合学习与问题的求解，以及知识表达便于学习的观点，产生了通用智能系统 SOAR 的组块。类比学习与问题求解结合的基于案例的方法已经成为经验学习的重要方向。

（4）各种学习方法的应用范围不断扩大，部分应用研究成果已转化为产品。归纳学习的知识获取工具已经在诊断分类型专家系统中广泛使用开来；连接学习在声音识别和图文识别中占据优势；分析学习已用于设计综合型专家系统；遗传算法与强化学习在工程控制中有较好的应用前景；与符号系统耦合的神经网络连接学习将在企业的智能管理与智能机器人运动规划中发挥效用。

（5）与机器学习有关的学术活动空前活跃。国际上除每年一次的机器学习研讨会外，还有计算机学习理论会议及遗传算法会议。

## 2.2 归纳学习

归纳学习是符号学习中研究最广泛的一种学习方法。归纳学习是指给定关于某个概念的一系列已知的正例和反例，从中归纳出一般的概念描述。可以通过归纳学习获得新的概念，创立新的规则，发现新的理论。归纳学习的一般操作是泛化（Generalization）和特化（Specialization）。泛化用来扩展一个假设的语义信息，使得该语义信息能够包含更多的正例，应用于更多的情况。特化是泛化的反向操作，用于限制概念描述的应用范围。

### 2.2.1 归纳学习的基本概念

【归纳学习】

归纳学习是从大量的经验数据中归纳抽取出一般的判定规则和模式，也就是从特殊情况推导出一般规则的学习方法。归纳学习的目标是形成合理的、能解释已知事实和预见新事实的一般性结论。例如，通过"麻雀会飞""燕子会飞"等观察事实，可以归纳得到"鸟会飞"这样的一般结论。归纳学习由于依赖于经验数据，因此又称为经验学习（Empirical Learning）。由于归纳依赖于数据间的相似性，所以归纳学习也被称为基于相似性的学习（Similarity Based Learning）。

在机器学习领域，一般将归纳学习问题描述为使用训练实例引导一般规则的搜索问题。全体可能的实例构成实例空间；全体可能的一般规则构成规则空间。在规则空间中搜索要求的规则，从实例空间中选出一些示教的例子，来解决规则空间中某些规则的二

义性问题，这就是基于规则空间和实例空间的
学习。学习的过程就是完成实例空间和规则空
间的协调搜索，找到要求的规则。归纳学习的
双空间模型可以表示为图 2.4 所示的形式。

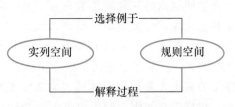

图 2.4 归纳学习的双空间模型

依照双空间模型建立的归纳学习系统，可
以将执行过程进行大致的描述。首先，由施教
者提供实例空间中的一些初始示教例子。由于
示教例子在形式上往往和规则形式不同，因此，需要把这些例子转换或解释为规则空间
接受的形式。然后，利用解释后的例子搜索规则空间。一般情况下，由于不能一次就从
规则空间中找到要求的规则，因此需要寻找和使用一些新的示教例子，即选择例子。一
般而言，程序会选择出对搜索规则空间最有用的例子，最后，对这些示教例子重复上述
步骤进行循环。如此循环多次，直到找出所要求的例子。在归纳学习中，常用的推理技
术有泛化、特化、转换，以及知识表示的修正和提炼等。

对于上述双空间模型而言，实例空间所要考虑的主要问题包括两个：一个是示教例
子的质量；另一个是实例空间的搜索方法。在模型中，解释示教例子的目的是从例子中
提取出用于搜索规则空间的信息，也就是说，把示教例子变换成易于进行符号归纳的形
式。选择例子就是为了确定需要哪些新的例子和怎样得到这些例子。规则空间就是为了
规定表示规则的各种算符和术语，来描述和表示规则空间中的规则。与之相关的两个问
题是对规则空间的要求和规则空间的搜索方法。其中，对规则空间的要求主要包括三个
方面：适合归纳推理的规则表示方法；一致的规则、例子表示；包含要求的规则空间。
规则空间的搜索方法包括数据驱动的方法、规则驱动的方法和模型驱动的方法。数据驱动
的方法适合逐步接受示教例子的学习过程（下面介绍的变型空间方法就是一种数据驱动的学
习方法）；模型驱动的方法通过检查全部例子来测试和放弃假设。

归纳学习方法可以划分为单概念学习和多概念学习两类。这里的概念是指用某种描
述语言表示的谓词，当描述语言应用于概念的正实例时，谓词为真；应用于概念的负实
例时，则为假。从而概念谓词将实例空间划分为正、反两个子集。对于单概念学习来说，
学习的目的是从概念空间（即规则空间）中寻找某个与实例空间一致的概念。对于多概
念学习来说，则是从概念空间中找出若干概念进行描述，对于每一个概念描述，实例空
间中均有相应的空间与之对应。

典型的单概念学习系统包括米切尔（T. Mitchell）提出的基于数据驱动的变型空间方
法、昆兰（J. R. Quinlan）提出的 ID3 方法、狄特利希（T. G. Dietterich）和米哈尔斯基
（R. S. Michalski）提出的基于模型驱动的 Induce 算法。典型的多概念学习系统有米哈尔
斯基提出的 AQ11、DENDRAL 和 AM 程序等。多概念学习任务可以划分成多个单概念
学习任务来完成，如 AQ11 对每一个概念的学习均采用 Induce 算法来实现。多概念学习
与单概念学习的差别在于，多概念学习方法必须解决概念之间的冲突问题。下面将介绍
两种重要的归纳方法：变型空间方法和决策树方法。

## 2.2.2 变型空间方法

变型空间（Learning by Version Space）方法是米切尔（T. Mitchell）于 20 世纪 80

年代早期提出的一种基于数据驱动的学习方法。在变型空间方法中，根据概念之间的特化和泛化性，可将变型空间表示成偏序集的形式。例如，TRUE 表示没有任何条件，是最一般的概念，$\exists x\,\text{CLUBS}\,(x)$ 是比 TRUE 特殊的概念，$\exists x\,\exists y\,(\text{CLUBS}\,(x)\wedge\text{HEARTS}\,(y))$ 是比上述两个概念更特殊的概念，上述这些概念形成了一种偏序的关系。偏序集的最大元素称为零描述，它表示只要规则空间中存在真正的概念描述，则零描述为真，相当于在规则空间中恒真的概念描述。偏序集中的极小元素为所有训练实例。

变型空间方法包含整个概念的规则空间，可以将初始的假设规则看成集合 $H$，它是与迄今为止所得到的所有训练实例相一致的概念的集合。根据示教例子中的信息，对 $H$ 进行泛化和特化处理，逐步缩小集合 $H$，最后使 $H$ 收敛为只含有要求的规则。

$H$ 由两个子集 $G$ 和 $S$ 所限定，$G$ 中的元素表示 $H$ 中最一般的概念，$S$ 中的元素表示 $H$ 中最特殊的概念。$H$ 还可以看作是由 $G$、$S$ 及 $G$ 与 $S$ 之间的元素构成的，即

$$H=G\cup S\cup\{k\mid S<k<G\}$$

其中，"<" 表示变型空间中的偏序关系。图 2.5 给出了一个变型空间排序关系的表示。

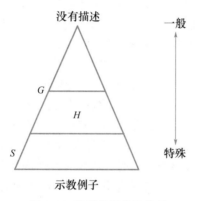

图 2.5　变型空间排序关系

变型空间方法的初始集 $G$ 是空间中最上面的一个点（最一般的概念），初始集 $S$ 是最下面直线上的点（示教例子），初始集 $H$ 就是整个空间。在搜索过程中，$G$ 集不断缩小，逐渐下移（进行特殊化），$S$ 集合不断扩大，逐渐上移（进行一般化）。$H$ 集逐步缩小，最后 $H$ 收敛为只含有一个概念时，就发现了所要学习的概念。在变型空间中这种学习算法称为候选项删除算法。

候选项删除算法的一般流程如下。

（1）初始化 $H$ 集为整个概念空间。$G$ 集合只包含零描述，$S$ 集合包含空间中所有最特殊的概念。在实际处理中，$S$ 集初始化为第一个正例。

（2）接受一个新的训练实例。如果实例为正例，则从 $G$ 集中删除所有不覆盖该例的概念，更新 $S$ 集合，尽可能小地对 $S$ 集进行泛化，以覆盖新的正实例。

（3）如果实例为反例，则从 $S$ 集中删除所有覆盖这个反例的概念，更新 $G$ 集，尽可能小地特化 $G$ 集中的元素，以便它们不覆盖这个反例。

（4）如果 $G\neq S$，则重复步骤（2），否则输出 $H$ 集。

### 2.2.3　决策树方法

1966 年，亨特（E. B. Hunt）等提出了概念学习系统（Concept Learning System，CLS），这是一种早期的基于决策树的归纳学习系统。1979 年，基于 CLS 系统，昆兰等提出了 ID3 算法。该算法不仅能方便地表示属性值的信息结构，而且能从大量实例数据中有效地生成相应的决策树模型。

【决策树】

#### 1. 决策树及其构造方法

在 CLS 的决策树中，节点对应于待分类对象的属性，由某一节点引出的弧对应于这一属性可能取的值，叶节点对应于分类的结果。下面介绍如何生成决策树。

【随机森林】

一般地，设给定训练集为 TR，TR 的元素由特征向量及其分类结果表示，分类对象的属性表 AttrList 为 $\{A_1, A_2, \cdots, A_n\}$，全部分类结果构成的集合 Class 为 $\{C_1, C_2, \cdots, C_m\}$，$n \geq 1$，$m \geq 2$。对于每一个属性 $A_i$，其值域都为 ValueType $(A_i)$。值域可以是离散的，也可以是连续的。这样，TR 的一个元素就可以表示成 $<X, C>$ 的形式，其中 $X = (a_1, a_2, \cdots, a_n)$，其中，$a_i$ 对应于实例中第 $i$ 个属性的取值，$C \in$ Class 为实例 $X$ 的分类结果。

构造决策树的 CLS 算法可简单地描述如下。

一棵决策树包含一个根节点、若干个内部节点和若干个叶节点。叶节点对应于决策结果；其他每个节点则对应于一个属性测试；每个节点包含的样本集合根据属性测试的结果被划分到子节点；根节点包含样本全集。从根节点到每个叶节点的路径对应了一个判断测试的序列。从一棵空树出发，不断地从决策表选取属性加入树的生长过程，直到决策树可以满足分类要求为止。其中每一条从根节点（对最终分类结果贡献最大的属性）到叶节点（最终分类结果）的路径都代表一条决策的规则。CLS 算法存在的主要问题是，在新增属性选取时有很大的随机性。

决策树的生成是一个递归的过程，有以下三种情形不会再分类。

（1）当前节点包含的样本全属于同一类别。

（2）当前属性集为空。

（3）当前节点的样本集合为空。

#### 2. 基本的决策树算法

大多数决策树算法是一种核心算法的变体。决策树核心算法采用自顶向下的贪婪搜索策略去遍历可能的决策树空间，这种算法是 ID3 算法和后继的 CA.5 算法的基础。

ID3 算法是基本的决策树算法，它通过自顶向下构造决策树来进行学习。构造过程是从"哪一个属性将在树的根节点被测试？"这个问题开始的。为了回答这个问题，使用统计测试来确定每一个实例属性单独分类训练样例的能力。分类能力最好的属性被选去作为树的根节点的测试。然后为根节点属性的每个可能值产生一个分支，并把训练样例排列到适当的分支（样例的该属性值对应的分支）之下。接着重复整个过程，用每个分支节点关联的训练样例来选取在该点被测试的最佳属性。这就形成了对合格决策树的贪婪搜索，也就是算法从不回溯重新考虑以前的选择。对 ID3 算法来说，它是一种基于信息熵的决策树分类学习算法，以信息增益和信息熵作为对象分类的衡量标准，是一种自顶向下增长树的贪婪算法，在每个节点选取能最好地分类样例的属性，继续这个过程直到这棵树能完美分类训练样例或所有的属性都已被使用过。它也可以说是 CLS 算法的最大改进算法，该算法不仅摒弃了属性选择的随机性，还利用信息熵的下降速度作为属性选择的度量。

CA.5 算法是基于 ID3 算法的改进，其中改进的内容主要包括：使用信息增益率替换信息增益下降度作为属性选择的标准；在决策树构造的同时进行剪枝操作，避免出现树的过度拟合情况；可以对不完整属性和连续型数据进行处理，提升了算法的普适性。

那么，在决策树生成的过程中，应该以什么样的顺序来选取实例，集中实例的属性进行扩展呢？即如何选择具有最高信息增益的属性作为最好的属性呢？在决策树的构造算法中，扩展属性的选取可以从第一个属性开始，然后依次选取第二个属性作为决策树的下一层扩展属性，以此类推，直到某一层所有窗口仅包含同一类实例为止。一般来说，每个属性的重要性是不同的，为了评价属性的重要性，可根据检验每个属性所得到信息量的多少来决定，具体可使用扩展属性选取方法，该方法中的信息量的多少与熵有关。

与 CA.5 算法比较而言，传统的 ID3 算法不但结构简单、学习能力强、分类速度快，而且还适合大规模数据分类。但是由于信息增益的不稳定性，容易倾向于众数属性导致过度拟合，所以 ID3 算法的抗干扰能力差，即稳定性不强。ID3 算法的缺点是：①决策树的知识表示没有规则，难以理解；②不能处理未知属性值的情况，另外对噪声问题也没有好的处理办法；③倾向于选择那些取值比较多的属性，而在实际的应用过程中往往取值比较多的属性对分类没有太大的价值，因为它不能对连续属性进行处理，对噪声数据比较敏感，而且还要计算每一个属性的信息增益值，计算代价较高。

## 2.3　类比学习

【类比学习】

类比学习是根据两个对象之间在某些方面的相同性或相似性，推出它们在其他方面也可能相同或相似的学习方法。归纳学习需要大量的训练实例，而类比学习从单个训练实例就可以完成学习，所以它是一种有效的学习方法。

### 2.3.1　相似性

【欧氏距离】

类比是人类应用过去的经验来求解新问题的一种思维方法。类比学习是把两个事物或情形进行比较，找出它们在某一抽象层面上的相似关系，并以这种关系为依据，把某一事物或情形的有关知识加以适当整理或变换，对应到另一事物或情形中，从而获得另一事物或情形的知识的过程。在类比学习中，一般把当前所面临的对象或情形称为目标对象（Target Object），把记忆的对象或情形称为源对象（Base Object）。

【曼哈顿距离】

若在类比学习中遇到某一问题时，可以先回忆以前提出的相似性问题，通过对该问题解法的检索、分析和调整，得出新问题的解决方法。类比学习是一种基于知识或经验的学习。

对类比问题的求解可以描述为：已知问题 $A$，求解结果 $B$，现给定一个新问题 $A'$，$A'$ 与 $A$ 在特定的度量下是相似的，可以通过求解结果 $B$ 来求出问题 $A'$ 的求解结果 $B'$。具体流程如图 2.6 所示，$\beta$ 反映 $B$ 与 $A$ 之间的依赖关系，称为因果关系。$\alpha$ 表示源领域（Source Domain）$A$ 与目标领域（Target Domain）$A'$ 之间的相似关系。由此可以推出，$B'$ 与 $A'$ 之间的依赖关系 $\beta'$。

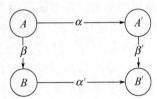

图 2.6 类比问题求解的一般模式

类比学习的过程可以描述为以下四个主要步骤。

（1）联想搜索匹配。对于一个给定的新问题，根据问题的描述（已知条件）提取问题的特征，并用特征到问题空间中搜索，找出相似的老问题有关的知识，并对新、老问题进行部分匹配。

（2）检验相似程度。判断老问题的已知条件与新问题的相似程度，以检验类比的可行性。如果它们之间的相似度达到规定的阈值，则类比匹配成功。

（3）修正变换求解。从老问题的解中抽取有关新问题的知识，经过合理的规则变换与调整，得到新问题的解。当多个老问题经检查都满足时，还会产生冲突求解的问题。

（4）更新知识库。将新问题和求解加入知识库，将新、老问题之间的共同特征组成泛化的情节知识，而将它们的差异作为检索问题的索引。

类比时，对象情境由许多属性组成。对象间的相似性是根据属性（或变量）之间的相似度定义的。目标对象与源对象之间的相似性有语义相似、结构相似、目标相似和个体相似等。一般对象之间的相似性通过相似度来测评，相似度经常通过距离来定义。常用的典型距离有绝对值距离、欧氏距离和麦考斯基距离等。

## 2.3.2 转换类比

类比学习的一般问题求解程序是基于手段-目的分析的中间结果分析，（Means-Ends Analysis，MEA）方法。问题求解模型由两部分组成：问题空间和问题求解动作。

问题空间包括：一组可能的问题组合状态集；一个初始状态，两个或多个目标状态（即终止状态，为简便，假设只有一个目标状态）；当满足预置条件时，一组可将一个状态变为另一个状态的变换规则集（或算子）；计算两个状态之间差别的函数，通常应用于比较当前状态和目标状态，得出两者之间的差别；一个对可用的变换规则进行编序，以最大限度减少差别的索引函数；一组全局路径限制，其目标路径必须满足的条件，使解有效，路径限制本质上是以部分解序列为基础，而不是以单个状态或算子为基础；一个用于指示何时可用何种变换规则的差别表。

在问题空间上使用 S-MEA 算法进行问题求解操作，也就是通常所说的状态空间转换法，即找到一条从初始状态到目标状态的转换路径。

S-MEA 算法的一般流程如下。

（1）比较当前状态和目标状态，得出差别。

（2）选择合适的规则（或算子），以减少两个状态之间的差别。

（3）尽可能应用转换规则，直至完成状态转换。否则保存当前状态，并将 S-MEA 算法递归地用于其他子问题，直到该子问题确认不能满足该规则的前提条件为止。

（4）当子问题求解后，恢复被保存的当前状态，再继续求解原来的问题。

上述四个步骤概括来说，系统首先要利用差别函数，对问题的初始状态和目标状态进行比较，得出差别，然后再根据索引找到相应的规则。如果这条规则前提可以满足，则应用此规则，否则保存当前状态及相应条件，把不能满足的规则前提作为子问题，用 MEA 方法进行解决。解决后，恢复保存的当前状态，继续解决原来的问题。

由手段-目的分析算法可以看出，一个成功解决问题的经验由两部分组成：一是当时的环境，即与该问题相关的背景知识；二是解决问题时所用的方法，也就是在从初始状态到目标状态的转换路径上所有使用的算子序列。

### 2.3.3 基于案例的推理

在基于案例的推理（Case-Based Reasoning）中，最初是由于目标案例的某些特殊性质使得记忆中的源案例能够被联想到，但它是粗糙的，不一定正确。在最初的检索结束后，需要证实它们之间的可类比性，这使得两个类似体的更多细节被进一步检索，探索它们之间更进一步的可类比性和差异。事实上，在这一阶段已经初步完成了一些类比映射的工作，虽然映射只是局部的、不完整的。这个过程结束后，获得的源案例集已经按目标案例的可类比程度进行了优先级排序。接下来，进入了类比映射阶段，从源案例集中选择最优的一个源案例，建立它与目标案例之间的一一对应关系。下一步，利用一一对应关系转换源案例中完整的（或部分的）求解方案，从而获得目标案例完整的（或部分的）求解方案。若目标案例得到部分解答，则把解答的结果加到目标案例的初始描述中，从头开始整个类比过程。若所获得的目标案例的求解方案未能给出正确的解答，则需要解释方案失败的原因，且调用修补过程来修改所获得的方案，同时，系统记录失败的原因，来避免以后再出现同样或类似的错误。最后，评价类比求解的有效性。整个类比过程是递增地进行的，图 2.7 给出了基于案例推理的一般框架。

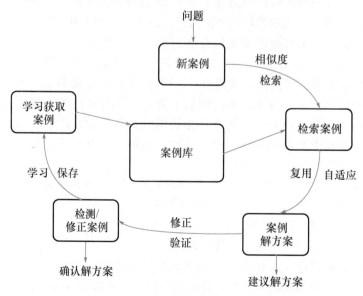

图 2.7　基于案例推理的一般框架

在基于案例的推理中，主要关心的问题有以下几个方面。

(1) 案例表示。基于案例推理方法的效率和案例表示紧密相关。案例表示所涉及的几个问题为：选择什么信息存放在一个案例中；如何选择合适的案例内容描述结构；案例库如何组织和索引。其中，对于那些数量达到成千上万且十分复杂的案例，组织和索引问题尤为重要。

(2) 分析模型。分析模型用于分析目标案例，从中识别和抽取检索源案例库的信息。

(3) 案例检索。利用信息的检索从源案例库中检索并选择潜在可用的源案例。基于案例推理的方法和人类解决问题的方式很近似。一般在遇到一个新问题时，首先从记忆或案例库中回忆出与当前问题相关的最佳案例，后面所有的工作能否发挥出应有的作用，很大程度上依赖于这一阶段得到的案例质量的高低，因此这一步非常关键。事实上，案例匹配不是精确的，只能是部分匹配或近似匹配，所以这就要求有一个相似度的评价标准。若该标准定义得好，会使得检索出的案例十分有用，否则将会严重影响后面的过程。

(4) 类比映射。寻找目标案例与源案例之间的对应关系。

(5) 类比转换。转换源案例中与目标案例相关的信息，使之在目标案例的求解过程中发挥作用。涉及对源案例的求解方案的修改就是把检索到的源案例的解答用于新问题或新案例中。解答的问题一般是：源案例与目标案例之间有何不同之处；源案例中的哪些部分可以用于目标案例。对于简单的分类问题，仅需要把源案例的分类结果直接用于目标案例，无须考虑它们之间的差别，因为实际案例检索已经完成了这项工作。对于求解之类的问题，则需要根据它们之间的不同，对再次使用的解进行调整。

(6) 解释过程。当转换过的源案例的求解方案应用到目标案例时，对出现的失败做出解释，给出失败的因果分析报告。有时候也需要对成功做出解释。基于解释的索引是一种重要的方法。

(7) 案例修补。有些案例修补类似于类比转换，它们之间的区别在于修补过程的输入是解决方案和一个失败的报告，可能还包含一个解释。当复用阶段产生的求解结果不理想时，需要对其进行修补。修补的第一步是对复用的求解结果进行评估，如果成功，则不必修补，否则需要对错误采取修补措施。

(8) 类比验证。验证目标案例和源案例进行类比的有效性。

(9) 案例保存。新问题得到了解决，就形成了一个可能用于将来情形与之相似的问题，这时有必要把新问题加入案例库中。案例保存既是学习的过程，也是知识获取的过程。在决定选取案例的哪些信息进行保留时，一般要考虑以下三点：和问题有关的特征描述；问题的求解结果；解答成功或失败的原因及解释。把新案例加入案例库中，需要对它建立有效的索引，使其能被有效地回忆。索引应在与该案例有关时能回忆得出，与该案例无关时不应回忆得出。为此，可能要对案例库的索引内容甚至结构进行调整。

### 2.3.4 迁移学习

迁移学习（Transfer Learning）的目标是将一个环境中学到的知识用于帮助新环境中的学习任务。在传统分类学习中，为了保证训练得到的分类模型具有准确性和高可靠性，一般都会有两个基本的假设：一是用于学习的训练样本与新的测试样本满足独立同分布的条件；二是必须有足够可利用的训练样本才能学习得到一个好的分类模型。但是，在

实际应用中要满足这两个条件往往是困难的。迁移学习是运用已有的知识对不同但相关的领域问题进行求解，它放宽了传统机器学习中的两个基本假设，目的是迁移已有的知识来解决目标领域中仅有的，少量的标签样本数据。

人工智能专家杨强等根据源领域与目标领域、源任务与目标任务是否相同等问题，将迁移学习分为三类：归纳迁移学习、直推式迁移学习和无监督迁移学习，如图 2.8 所示。

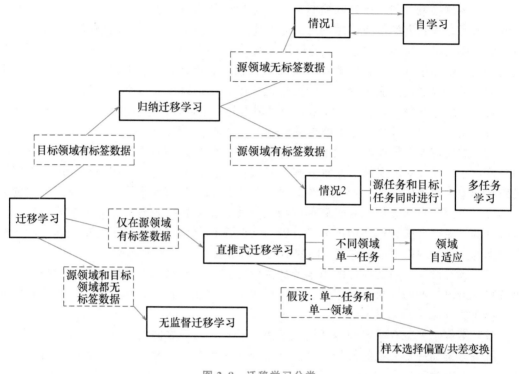

图 2.8　迁移学习分类

（1）归纳迁移学习（Inductive Transfer Learning）。源任务和目标任务不一致但相关。例如，具有迁移学习能力的 Tradaboosting 算法，该算法能够最大程度地利用辅助训练数据来帮助目标分类。利用 Boosting 技术来过滤掉辅助数据中那些与源训练数据最不像的数据。其中，Boosting 的作用是建立一种自动调整权重的机制，利用该机制辅助训练数据重要时，权重将会增加；辅助训练数据不重要时，权重将会减少。在调整权重之后，这些带权重的辅助训练数据将会作为额外的训练数据，与源训练数据一起提高分类模型的可靠度。

（2）直推式迁移学习（Transductive Transfer Learning）。源领域和目标领域不一致但相关，源任务及目标任务相同。直推式迁移学习方法适用情况为源领域中有大量标注语料而目标领域缺少标注语料。当源领域和目标领域的特征空间相同而概率分布不同时，直推式迁移学习类似于领域自适应方法。

（3）无监督迁移学习（Unsupervised Transfer Learning）。源领域和目标领域不一致但相关，源任务和目标任务不一致但相关，且此时源领域和目标领域都缺乏标注语料。

迁移学习方法按照所用的迁移知识形式，可以分为以下四类。

（1）基于实例的迁移学习。源领域中的部分数据在更改权重之后可以被用于解决目标领域的学习问题。实例加权和重要性采样是基于实例的迁移学习中常用的从源领域中选择迁移知识的方法。

（2）基于特征的迁移学习。该迁移学习方法期望通过将迁移知识用一种理想的特征表示方法来提高目标任务的性能。基于特征的迁移学习又可以分为有监督迁移学习与无监督迁移学习。当给定一个新的、不同的领域，且标注数据极其稀少的时候，可以考虑有监督迁移学习，利用原有领域中含有的大量标注数据进行迁移学习。

（3）基于参数的迁移学习。当源任务和目标任务共享参数模型中的参数或先验分布时，将迁移知识表示成共享的参数，从而完成目标任务的一种学习方法。

（4）基于关系知识的迁移学习。在源领域和目标领域的数据相关的情况下，解决相关领域中迁移学习的问题的一种方法。

在已有的研究中，归纳迁移学习一般采用基于实例、基于特征、基于参数和基于关系知识的迁移学习；直推式迁移学习任务通常采用基于实例和基于特征表示的迁移学习方法；无监督迁移学习常用的方法是基于特征表示的迁移方法。

## 2.4 统计学习

统计学习（Statistical Learning）是基于数据构建概率统计模型并运用模型对数据进行预测与分析的学习方法。统计学习的方法包括模型的假设空间、模型选择的准则及模型学习的算法，这些算法称为统计学习方法的三要素。一般实现统计学习包括以下简单的六步。

（1）准备有限的训练数据集。

（2）获取包含所有可能模型的假设空间，即学习模型的集合。

（3）确定模型选择的准则，即学习的策略。

（4）实现最优模型的算法，即学习的算法。

（5）通过学习方法选择最优模型。

（6）利用学习的最优模型对新数据进行预测或分析。

【统计学习】

统计学习的方法非常丰富，这里仅介绍逻辑回归、支持向量机和提升算法。

### 2.4.1 逻辑回归

逻辑回归与多重线性回归有很多相似之处，但也有一些区别，其中最大的区别就是它们的因变量不同。如果因变量是连续的，那就是多重线性回归；如果因变量是二项分布，那就是逻辑回归。

二项逻辑回归模型由条件概率分布 $P(Y\mid x)$ 来表示，其中，随机变量 $x$ 取值为实数，随机变量 $Y$ 取值为 1 或 0。可以通过监督学习的方法来估计模型参数，二项逻辑回归模型的条件概率分布如下。

【简单线性
回归】

$$P(Y=1|x)=\frac{\exp(\boldsymbol{w}\cdot\boldsymbol{x}+b)}{1+\exp(\boldsymbol{w}\cdot\boldsymbol{x}+b)} \tag{2.1}$$

$$P(Y=0|x)=\frac{1}{1+\exp(\boldsymbol{w}\cdot\boldsymbol{x}+b)} \tag{2.2}$$

式中，$\boldsymbol{x}\in\boldsymbol{R}^n$ 是输入，$Y\in\{0,1\}$ 是输出，$\boldsymbol{w}\in\boldsymbol{R}^n$ 和 $b\in\boldsymbol{R}$ 是参数，$\boldsymbol{w}$ 称为权值向量，

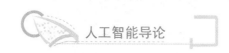

$b$ 称为偏置，$w \cdot x$ 称为 $w$ 和 $x$ 的内积。

对于给定的输入实例 $x$，可以求得 $P(Y=1 \mid x)$ 和 $P(Y=0 \mid x)$。逻辑回归比较两个条件概率值的大小，将实例 $x$ 分到概率值较大的那一类。

有时为了方便测量，将权值向量和输入向量加以扩充，但仍然记为 $w$ 和 $x$，即 $w=(w^{(1)},w^{(2)},\cdots,w^{(n)},b)^{\mathrm{T}}$，$x=(x^{(1)},x^{(2)},\cdots,x^{(n)},1)^{\mathrm{T}}$。这时逻辑回归模型如下。

$$P(Y=1 \mid x)=\frac{\exp(w \cdot x)}{1+\exp(w \cdot x)} \tag{2.3}$$

$$P(Y=0 \mid x)=\frac{1}{1+\exp(w \cdot x)} \tag{2.4}$$

在逻辑回归模型中，输出 $Y=1$ 的对数几率（Log odds，logit）是输入 $x$ 的线性函数。或者说，输出 $Y=1$ 的对数几率是由输入 $x$ 的线性函数表示的模型，即逻辑回归模型。考虑对输入 $x$ 进行分类的线性函数 $w \cdot x$，其值域为实数域。通过逻辑回归模型定义，可以将线性函数 $w \cdot x$ 转换为概率。线性函数的值越接近正无穷，概率值就越接近 1，线性函数的值越接近负无穷，概率值就越接近 0。

在逻辑回归中，要描述一个事件的几率，就相当于计算该事件发生的概率与该事件不发生的概率的比值。如果事件发生的概率是 $p$，那么该事件的几率是 $p/(1-p)$，该事件的对数几率或 Logit 函数为

$$\mathrm{Logit}(p)=\log(p/(1-p)) \tag{2.5}$$

由式（2.3）与式（2.5）可以得到

$$\log \frac{P(Y=1 \mid x)}{1-P(Y=1 \mid x)}=w \cdot x \tag{2.6}$$

也就是说，该事件的对数几率在数值上相当于权值向量与输入的内积。

## 2.4.2　支持向量机

【支持向量机】

支持向量机（Support Vector Machine，SVM）是一种二分类方法，它的基本模型是定义在特征空间上的，间隔最大的线性分类器。支持向量机的方法建立在统计学习理论的 VC（Vapnik-Chervonenkis）维理论和结构风险最小原理的基础上，它在解决小样本、非线性及高维模式识别中表现出许多特有的优势，除此之外，还能够将它推广并应用到函数拟合等其他机器学习问题中。

对于一个二分类问题。假设输入空间与特征空间是两个不同的空间，输入空间为欧氏空间或离散空间，特征空间为欧氏空间或希尔伯特空间，在线性可分支持向量机中假设这两个空间的元素一一对应，并将空间的输入映射为特征向量，那么就可以在特征空间进行支持向量机的学习。

假定一个特征空间上的训练数据集由下式表示。

$$T=\{(x_1,y_1),(x_2,y_2),\cdots,(x_N,y_N)\} \tag{2.7}$$

式中，$x_i \in x \in \mathbf{R}^n$，$y_i \in Y=\{-1,+1\}$，$i=1,2,\cdots,N$。$x_i$ 为第 $i$ 个特征向量，也称为训练实例，$y_i$ 为 $x_i$ 的类标记。

当 $y_i=+1$ 时，称 $x_i$ 为正例；当 $y_i=-1$ 时，称 $x_i$ 为反例，$(x_i,y_i)$ 称为样本点。学习的目标是在特征空间中找到一个分类的超平面，该平面能够将实例分为不同的类，分

类超平面对应于方程 $(w \cdot x) + b = 0$，它由法向量 $w$ 和截距 $b$ 所决定，可用 $(w,b)$ 来表示。分类超平面将特征空间划分为两部分，一部分是正类，另一部分是负类。法向量指向的一侧为正类，另一侧为负类。

线性可分支持向量机的基本思想可用图 2.9 所示的二维线性分类来说明。

图中，"○"表示正例，"×"表示反例。训练数据集线性可分，有多条直线能将两类数据正确划分。考虑图中的三个点 $A$、$B$ 和 $C$，可以确定 $A$ 是"×"类别的，$C$ 是不太确定的，$B$ 是勉强可以确定的。这样可以得出初步结论，即更应该关心靠近中间分割线的点，让它们尽可能地远离中间线，而不是在所有点上达到最优。如果不是这样的话，就要使得一部分点靠近中间线来换取另外一部分点更加远离中间线。这就是支持向量机与逻辑回归思路的不同之处，即逻辑回归考虑局部（不关心已经确

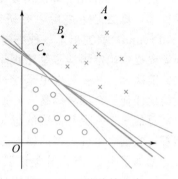

图 2.9 二维线性分类

定远离的点）；支持向量机考虑全局（已经远离的点可能通过调整中间线使其能够更加远离）。

线性可分支持向量机的学习算法——最大间隔法的一般流程如下。

假设输入为：线性可分训练数据集 $T = \{(x_1, y_1),(x_2, y_2),\cdots,(x_N, y_N)\}$，其中，$x_i \in x \in \mathbf{R}^n, y_i \in Y = \{-1, +1\}, i = 1, 2, \cdots, N$。输出为：最大间隔分类超平面和分类决策函数。构造分类决策函数分为以下两步。

（1）构造并求解约束最优化问题，求得最优解 $w^*$、$b^*$。

（2）由此得到分类超平面为

$$w^* \cdot x + b^* = 0 \tag{2.8}$$

分类决策函数为

$$f(x) = \text{sign}(w^* \cdot x + b^*) \tag{2.9}$$

为了求解线性可分支持向量机的最优化问题，应用线性可分支持向量机的对偶算法，通过拉格朗日对偶性，求解对偶问题得到原始问题的最优解。这样做的优点有两个：一是对偶问题往往更易于求解；二是自然引入核函数，可以推广到非线性分类问题来进行简化。

对于非线性问题，可以通过一个非线性变换将输入空间（欧氏空间 $\mathbf{R}^n$ 或离散集合）对应于一个特征空间（希尔伯特空间 $H$），使得在输入空间 $\mathbf{R}^n$ 中的超曲面模型对应于特征空间 $H$ 中的超平面模型（支持向量机）。这样，分类问题的学习任务通过在特征空间中求解线性支持向量机就可以完成。

### 2.4.3 提升算法

提升（Boosting）算法是一种常用的统计学习方法，它应用广泛且有效。在分类问题中，可以通过训练样本的权值，学习多个分类器，并且将这些分类器进行线性组合，来提高分类的性能。

Boosting 算法是一种重要的集成学习技术，能够将预测精度仅比随机预测略高的弱学习器增强为预测精度高的强学习器，这在直接构造强学习器非常困难的情况下，为学

习算法的设计提供了一种有效的新思路和新方法。作为一种元算法框架，Boosting 算法几乎可以应用于所有目前流行的机器学习算法当中，以进一步加强原算法的预测精度，应用十分广泛，产生了极大的影响。

最初的 Boosting 算法由夏皮雷（R. E. Schapire）在 1990 年提出，也被称为一种多项式算法，算法诞生之后也有研究人员进行了实验和理论性的证明。在此之后，弗雷德（Y. Freund）研究出了一种更高效的 Boosting 算法。但这两种算法都有共同的不足之处，即需要提前确定弱学习算法识别准确率的下限。Boosting 算法可以提升任意给定学习算法的准确度，其主要思想是通过一些简单的规则整合得到一个整体，使得该整体具有的性能比任何一个部分都高。

总的来说，提升算法的思想是学习一系列分类器。只有在某个序列中，每一个分类器都对它前一个分类器的错误分类例子给予极大的重视时，尤其是在学习完分类器 $H_k$ 之后，增加了由 $H_k$ 导致分类错误的训练例子的权值，且通过重新对训练例子计算权值，再学习下一个分类器 $H_{k+1}$，并且重复 $M$ 次这个过程的时候，最终的分类器才会从这一系列的分类器中综合得出。

AdaBoost 算法已被证明是一种有效而实用的 Boosting 算法，该算法是弗雷德和夏皮雷于 1995 年通过对 Boosting 算法的改进得到的。AdaBoost 算法是一种迭代算法，其核心思想是针对同一个训练集训练不同的分类器（弱分类器），然后把这些分类器集合起来，成为一个更强的最终分类器（强分类器）。AdaBoost 算法的原理是通过调整样本权重和弱分类器的权值，从训练出的弱分类器中筛选出权值系数最小的弱分类器进而组合成一个最终的强分类器。AdaBoost 算法在样本训练集使用的过程中，对算法的关键分类特征集进行多次挑选，逐步训练分量弱分类器，用适当的阈值选择最佳弱分类器，最后将每次迭代训练选出的最佳弱分类器组合在一起构建为强分类器。

AdaBoost 算法其实是一个简单的弱分类算法的提升过程，这个过程通过不断的训练，可以提高对数据的分类能力。整个过程可以概括为以下四步。

（1）先通过对 $N$ 个训练样本的学习得到第一个弱分类器。

【AdaBoost 算法】　（2）将分错的样本和其他的新数据组合在一起，构成新的 $N$ 个训练样本，再通过对这个样本的学习得到第二个弱分类器。

（3）将步骤（1）和（2）都分错了的样本加上其他的新样本构成另一个新的 $N$ 个训练样本，通过对这个样本的学习得到第三个弱分类器。

（4）最终经过提升的强分类器，即某个数据被分为哪一类要通过多数表决。

AdaBoost 算法是机器学习算法中最为成功的代表，还被评为数据挖掘十大算法之一。从 AdaBoost 算法提出至今，机器学习领域的诸多知名学者不断投入到算法相关理论的研究中去，扎实的理论为 AdaBoost 算法的成功应用打下了坚实的基础。AdaBoost 的成功不仅在于它是一种有效的学习算法，还在于以下三个方面。

（1）AdaBoost 算法让 Boosting 算法从最初的猜想变成一种真正具有实用价值的算法。

（2）AdaBoost 算法采用的一些技巧，如打破原有样本的分布，也为其他统计学习算法的设计带来了重要的启示。

（3）AdaBoost 算法相关理论的研究成果极大地促进了集成学习的发展。

## 2.5　强化学习

强化学习（Reinforcement Learning，RL）又称激励学习，是从环境到行为映射的学习方法，是使奖励信号函数值最大化的学习方法。强化学习不同于监督学习，它是由环境提供的强化信号对产生动作的好坏做出评价，而不是告诉强化学习系统如何去做正确动作的一种学习方法。由于外部环境提供的信息较少，学习系统必须靠自身的经历来进行学习。凭借这种方式，学习系统可以在行动和评价的环境中获取知识，还可以通过适应环境去改进行动方案。

【强化学习】

强化学习技术是从控制论、统计学和心理学等相关学科发展而来的，它最早可以追溯到巴甫洛夫（I. P. Pavlov）的条件反射实验。20 世纪 80 年代末 90 年代初，强化学习技术在人工智能、机器学习和自动控制等领域中得到了广泛的应用，并且它还被认为是设计智能系统的核心技术之一，特别是随着强化学习的数学基础研究取得了突破性的进展后，强化学习就成为目前机器学习领域的研究热点之一，其相关的研究和实验也日益开展起来。

### 2.5.1　强化学习模型

强化学习模型如图 2.10 所示，它是通过智能体与环境的交互来进行学习的。智能体的目标就是最大化长期奖励。智能体与环境的交互接口包括动作（Action）、奖励（Reward）和状态（Status）。交互式的过程可以简单叙述为：每进行一步，智能体根据策略就会选择一个动作执行，然后感知下一步的状态和即时奖励，通过经验再修改自己的策略。

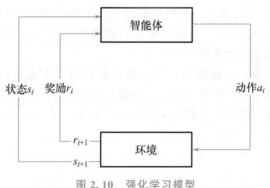

图 2.10　强化学习模型

强化学习系统接受环境状态下的输入 $s$，根据内部的推理机制，系统会输出相应的行为动作 $a$。图 2.10 中，环境在系统动作 $a$ 的作用下，变迁到新的状态 $s'$，系统接受环境新状态的输入，同时得到环境对于系统的即时奖惩反馈 $r$。对强化学习系统来说，其目标是学习一个行为策略 $\pi: S \rightarrow A$，这可以使系统选择的动作能够获得环境奖励的累计值最大。换言之，就是要使系统获得最大化式(2.10)。在学习过程中，如果系统的某个动作导致环境出现正的奖励，那么系统以后产生这个动作的趋势便会加强；反之系统产生这个动作的趋势便会减弱。这就是强化学习技术的基本原理，它与生理学中的条件反射原

理是比较接近的。

$$\sum_{i=0}^{\infty}\gamma^i r_{t+i}, 0 < \gamma \leqslant 1 \qquad (2.10)$$

式中，$\gamma$ 为折扣因子。

### 2.5.2 学习自动机

在强化学习方法中，学习自动机是最普通的方法。这种系统的学习机制主要包括两个模块：自动机和环境。学习过程是由环境产生的刺激开始的，自动机根据所接收到的刺激对环境做出反应，环境接收该反应对其做出评估，并向自动机提供新的刺激。学习系统根据自动机上次的反应和当前的输入自动地调整参数。学习自动机的学习模式如图2.11所示，其中延时模块用于保证上次的反应和当前的刺激同时进入学习系统。

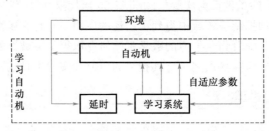

图 2.11　学习自动机的学习模式

图 2.12　拈物游戏

学习自动机的基本思想可以适用于很多现实问题，如拈物游戏，如图2.12所示，在桌面上有三堆硬币，游戏有两人参与，每人每次必须拿走至少一枚硬币，但是只能在同一行中拿。谁拿了最后一枚硬币，谁就是失败者。图中每行硬币的数量分别对应为1、3、5，所以源状态（也可称之为初始状态）为135，则说明没有硬币被取走。如果源状态为134，则说明第三行有一枚硬币被取走，以此类推。

现假定游戏的双方为计算机和人，并且计算机保留了在游戏过程中它每次拿走硬币的数量的记录，这可以用一个矩阵来表示，如表2-1所示。其中，第 $(i,j)$ 个元素表示对计算机来说从第 $j$ 状态到第 $i$ 状态的成功概率。矩阵的每一列元素之和为1。

表 2-1　拈物游戏中的部分状态转换

| 目标状态 | 源状态 | | | | | | |
|---|---|---|---|---|---|---|---|
| | **135** | **134** | **133** | **…** | **…** | **125** | **…** |
| 135 | ♯ | ♯ | ♯ | ♯ | ♯ | ♯ | … |
| 134 | 1/9 | ♯ | ♯ | … | … | ♯ | … |
| 133 | 1/9 | 1/8 | ♯ | … | … | ♯ | … |
| 132 | 1/9 | 1/8 | 1/7 | ♯ | … | ♯ | … |
| … | … | … | … | … | … | … | … |
| 124 | ♯ | 1/8 | ♯ | ♯ | … | 1/8 | … |

说明："♯"表示无效状态。

为了便于系统的学习，可以为系统增加一个奖惩机制。在完成一次游戏后，调整计算机矩阵中的元素，如果计算机取得了胜利，则计算机所有的元素都增加一个量，而在相应的列中，其他元素都降低一个量，这是为了保证每列的元素之和为1。如果计算机失败了，则与上述相反，即计算机所有的元素都降低一个量，而每一列中的其他元素都增加一个量，同样保持每列元素之和为1。经过大量的实验，矩阵中的量基本稳定不变，当轮到计算机选择时，它可以从矩阵中选取使自己取胜的最大概率的元素。

### 2.5.3 自适应动态程序设计

在强化学习中，假定系统从环境中接收反应，只有到了行为结束后（即终止状态），才能确定其状况（奖励还是惩罚）。假定系统初始状态为 $S_0$，在执行动作（假定为 $a_0$）后，系统到达状态 $S_1$，可以表示为

$$S_0 \rightarrow S_1$$

对系统的奖励可以用效用（Utility）函数来表示。在强化学习中，系统可以是主动的，也可以是被动的。被动学习是指系统试图通过自身在不同的环境中的感受来学习效用函数；而主动学习是指系统能够根据自己学习到的知识，推出在未知环境中的效用函数。

关于效用函数的计算，可以这样来考虑。假定系统达到了目标状态，效用值为最高，值为1。对于其他状态的静态效用函数，可以采用下述简单的方法计算。设系统通过状态 $S_2$，从初始状态 $S_1$ 到达了目标状态 $S_7$，见表2-2简单的随机环境。如此重复实验，统计 $S_2$ 被访问的次数。在100次实验中，如果 $S_2$ 被访问了5次，则状态 $S_2$ 的效用函数可以定义为5/100＝0.05。现假定系统以等概率的方式从一个状态转换到其邻接状态（不允许斜方向移动），如系统可以从 $S_1$ 以0.5的概率移动到 $S_2$ 或 $S_6$（不能到达 $S_3$）。如果系统在 $S_5$，那么它可以从 $S_5$ 以0.25的概率分别移动到 $S_2$、$S_4$、$S_6$、$S_8$。

表2-2 简单的随机环境

| $S_3$ | $S_4$ | $S_7$（目标状态） |
|---|---|---|
| $S_2$ | $S_5$ | $S_8$ |
| $S_1$（初始状态） | $S_6$ | $S_9$ |

对于效用函数，可以理解为一个序列的效用是累积在该序列状态中的奖励之和。在微观经济学中，它是用来表示消费者在消费中所获得的效用与所消费的商品组合之间的数量关系的函数，以衡量消费者从消费给定的商品组合中所获得满足的程度。因为需要大量的实验，所以静态效用的函数值难以得到，那么更新效用值，给定训练序列就成了强化学习的关键。

换种方式来叙述，用数学方式来定义。设 $f$ 是定义在消费集合 $X$ 上的偏好关系，如果对于 $X$ 中任何的 $x$、$y$，当且仅当 $u(x) \geqslant u(y)$ 时，则称函数 $u：X \rightarrow R$ 是表示偏好关系 $f$ 的效用函数。

在自适应动态程序设计中，状态 $i$ 的效用值 $U(i)$ 可以用下式来计算。

$$U(i) = R(i) + \sum_{\forall j} M_{ij} U(j) \tag{2.11}$$

式中，$R(i)$ 是在状态 $i$ 时的奖励，$M_{ij}$ 是从状态 $i$ 到状态 $j$ 的概率。

对于一个小的随机系统，可以通过求解类似于式（2.11）的所有状态中的效用方程来计算 $U(i)$。但当状态空间很大时，求解起来就不是很方便了。

为了避免求解以上的类似方程，可以通过下面的公式去计算 $U(i)$。

$$U(i) \leftarrow U(i) + \alpha[R(i) + (U(j) + U(i))] \tag{2.12}$$

式中，$\alpha(0 < \alpha < 1)$ 为学习率，它随学习的进度而逐渐缩小。

### 2.5.4　Q-学习

【Q-学习】

Q-学习是一种基于时差策略的强化学习，它是指在给定的状态下，在执行完某个动作后期望得到的效用函数，该函数称为动作价值函数（Action-value Function）。动作效用函数用于评价在特定状态下采取某个动作的优劣，它是智能体的记忆。

在 Q-学习中，动作值函数表示为 $Q(a, i)$，它表示在状态 $i$ 执行动作 $a$ 的值，也称为 $Q$ 值。在 Q-学习中，使用 $Q$ 值代替效用值，效用值和 $Q$ 值之间的关系如下。

$$U(i) = \max_a Q(a, i) \tag{2.13}$$

在强化学习中，$Q$ 值起着非常重要的作用：第一，和条件-动作规则类似，它们都可以不需要使用模型就做出决策；第二，与条件-动作不同的是 $Q$ 值可以直接从环境的反馈中学习获得。

强化学习作为机器学习的一种方法，已经取得了很广泛的实际应用，如博弈、机器人控制。另外，在互联网信息搜索方法中，搜索引擎要能够遵循用户的要求来自动地适应用户，该类问题属于无背景模型的学习问题，可以采用强化学习来解决。

尽管强化学习有很多优点，但也存在一些问题。

（1）泛化问题。典型的强化学习方法，如 Q-学习，都假定状态空间是有限的，且允许用状态-动作记录其 $Q$ 值。而许多实际的问题，往往对应的状态空间很大，甚至状态是连续的，或状态空间不是很大，但是动作很多。另外，对于某些问题，不同的状态可能具有某种共性，从而对应于这些状态的最优动作是一样的。因而，在强化学习中研究状态-动作的泛化表示是很有意义的。

（2）动态和不确定环境。强化学习通过与环境的试探性交互，获取环境状态的信息和强化信号来进行学习，这使得能否准确地观察到状态信息成为影响系统学习性能的关键。然而，许多实际问题的环境往往包含大量的噪声，且无法准确地获取环境的状态信息，所以就可能无法使强化学习算法收敛，如 $Q$ 值摇摆不定。

（3）当状态空间较大时，算法收敛前的实验次数可能要求很多。

（4）大多数强化学习模型针对的是单目标学习问题的决策策略，难以适应多目标、多策略的学习需求。

（5）许多问题面临的是动态变化的环境，其问题求解目标本身可能也会发生变化。一旦目标发生变化，已学习到的策略就有可能变得无用，整个学习过程又要从头开始。

## 2.6 进化计算

进化计算（Evolutionary Computation）是研究利用自然进化和适应思想的计算系统。达尔文进化论是一种稳健的搜索和优化机制，这对计算机科学，特别是对人工智能的发展产生了很大的影响。进化计算包括进化算法、遗传算法、进化策略及进化规划。

大多数生物体是通过自然选择和有性生殖进行进化的。自然选择决定了群体中哪些个体能够生存和繁殖，有性生殖保证了后代基因中的混合和重组。自然选择的法则是适应者生存，不适应者被淘汰，简言之，优胜劣汰。

自然进化的这些特征早在 20 世纪 60 年代就引起了美国密歇根大学霍兰德的极大兴趣。霍兰德注意到学习不仅可以通过单个生物体的适应来实现，而且还可以通过一个种群的许多代的进化适应发生。受达尔文进化论思想的影响，他逐渐认识到在机器学习中，为了获得一个好的学习算法，仅靠单个策略的建立和改进是不够的，还要依赖于一个包含许多候选策略的群体的繁殖。考虑到他们的研究想法起源于遗传进化，霍兰德就将这个研究领域取名为遗传算法。一直到 1975 年，霍兰德出版了专著《自然与人工系统中的适应》（*Adaptation in Natural and Artificial Systems*），遗传算法才逐渐为人所知，该书系统地论述了遗传算法的基本理论，为遗传算法的发展奠定了基础。

进化算法中，从一组随机生成的个体出发，效仿生物的遗传方式，主要采用复制（选择）、交叉（杂交/重组）、突变（变异）等操作，衍生出下一代个体。再根据适应度的大小进行个体的优胜劣汰，提高新一代群体的质量。经过反复多次迭代，逐步逼近最优解。从数学角度来讲，进化算法实质上是一种搜索寻优的方法。

### 2.6.1 进化算法

进化算法（Evolutionary Algorithms，EAs）又称演化算法，是一个算法簇，尽管它有很多的变化，有不同的遗传基因的表达方式，不同的交叉和变异算子，特殊算子的引用，以及不同的再生和选择方法，但它们所产生的灵感都来源于大自然的生物进化。与传统的基于微积分的方法和穷举法等优化算法相比，进化算法是一种成熟的、具有高鲁棒性和广泛适用性的全局优化方法，具有自组织、自适应和自学习的特性，能够不受问题性质的限制，有效地处理传统优化算法中难以解决的复杂问题。

根据定量遗传学，进化算法采用简单的突变/选择，该算法的一般形式可以描述如下。

$$(\mu/\rho,\lambda) \quad (\mu/\rho+\lambda) \tag{2.14}$$

式中，$\mu$ 是一代的双亲数目，$\lambda$ 为子孙的数目，整数 $\rho$ 称为混杂数。如果两个双亲混合其基因，则 $\rho=2$。只有 $\mu$ 是最好的个体才允许产生子孙。逗号表示双亲没有选择，加号表示双亲有选择。

进化算法的重要部分不是突变的范围不固定，而是继承。

进化算法经常被用到多目标问题的优化求解中，一般称这类进化算法为进化多目标优化算法。目前，进化算法已经被广泛用于参数优化、工业调度、资源分配、复杂网络分析等领域。

## 2.6.2 遗传算法

【遗传算法及其应用】

遗传算法（Genetic Algorithms，GAs）是一类借鉴生物界的进化规律（适者生存、优胜劣汰遗传机制）演化而来的随机化搜索方法。其主要特点是，直接对结构、对象进行操作，不存在求导和函数连续性的限定；具有内在的隐并行性和更好的全局寻优能力；采用概率化的寻优方法，能自动获取和指导优化的搜索空间，自适应地调整搜索方向，不需要确定的规则。遗传算法的这些性质，已被人们广泛地应用于组合优化、机器学习、信号处理、自适应控制和人工生命等领域。基本遗传算法流程图，如图 2.13 所示。

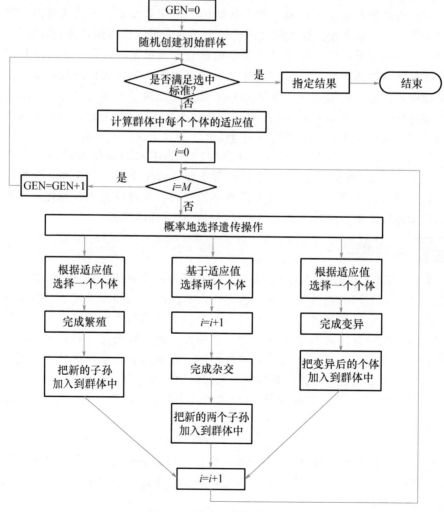

图 2.13　基本遗传算法流程图

说明：变量 GEN 是当前进化的代数；$M$ 是算法执行的最大次数。

运用基本遗传算法进行问题求解的过程如下。

（1）编码。遗传算法在进行搜索之前先将解空间的解数据表示成遗传空间的基因型串结构数据，这些串结构数据的不同组合便构成了不同的可行解。

（2）初始群体的生成。随机产生 $N$ 个初始串结构数据，每个串结构数据称为一个个体，$N$ 个个体构成了一个群体。遗传算法以这 $N$ 个串结构数据作为初始点开始迭代。

（3）适应性值评估检测。适应性函数表明个体或解的优劣性。不同的问题，适应性函数的定义方式也不同。

（4）选择。选择的目的是从当前群体中选出优良的个体，使它们有机会作为父代繁殖下一代。遗传算法通过选择的过程体现这一思想，进行选择的原则是适应性强的个体为下一代贡献一个或多个后代的概率大。选择实现了达尔文的适者生存原则。

（5）杂交。杂交操作是遗传算法中最主要的遗传操作。通过杂交操作可以得到新一代个体，新个体组合（继承）了其父辈个体的特性。杂交体现了信息交换的思想。

（6）变异。变异首先在群体中随机选择一个个体，对于选中的个体以一定的概率随机地改变串结构数据中某个串位的值。同生物界一样，遗传算法中变异发生的概率很低，通常取值为 $0.001 \sim 0.01$。变异为新个体的产生提供了机会。

基本遗传算法可定义为一个八元组。

$$SGA = (C, E, P_0, M, \Phi, \Gamma, \Psi, T)$$

式中，$C$ 为个体的编码方法，$E$ 为个体适应度评价函数，$P_0$ 为初始群体，$M$ 为群体大小，$\Phi$ 为选择算子，$\Gamma$ 为杂交算子，$\Psi$ 为变异算子，$T$ 为遗传运算终止条件。

一般情况下，可以将遗传算法的执行分为两个阶段。从当前群体开始，通过选择生成中间群体，之后在中间群体上进行重组与变异，从而形成下一代新的群体。

遗传算法的一般流程如下。

（1）随机生成初始群体。

（2）判断是否满足停止条件，如果满足则转到步骤（8）。

（3）否则，计算当前群体每个个体的适应度函数。

（4）根据当前群体的每个个体的适应度函数进行选择生成中间群体。

（5）以概率 $P_c$ 选择两个个体进行染色体交换，产生新的个体替换老的个体，插入群体中。

（6）以概率 $P_m$ 选择某一个染色体的某一位进行改变，产生新的个体替换老的个体。

（7）转到步骤（2）。

（8）终止。

与传统的优化算法相比，遗传算法主要有以下几个不同之处。

（1）遗传算法不是直接作用在参变量集上的，而是利用参变量集的某种编码。

（2）遗传算法不是从单个点，而是从一个点的群体开始搜索的。

（3）遗传算法利用适应值信息，无须导数或其他辅助信息。

（4）遗传算法利用概率转移规则，而非确定性规则。

遗传算法的优越性主要表现为以下两点。

（1）它在搜索过程中不容易陷入局部最优，即使在所定义的适应函数是不连续的、非规则的或有噪声的情况下，也能以很大的概率找到整体最优解。

（2）由于它固有的并行性，遗传算法非常适用于大规模并行计算机。

### 2.6.3 进化策略

进化策略（Evolutionary Strategies，ESs）模仿自然进化原理作为一种求解参数优化问题的方法。进化策略强调在个体级上的行为变化。最简单的实现方法如下。

（1）定义的问题是寻找 $n$ 维的实数向量 $x$，它使函数 $F(x)$：$R^n \rightarrow R$。

（2）双亲向量的初始群体从每维可行范围内随机选择。

（3）子孙向量的创建是从每个双亲向量加上零均方差高斯随机变量。

（4）根据最小误差选择向量为下一代新的双亲。

（5）当向量的标准偏差保持不变或没有可用的计算方法时，处理结束。

### 2.6.4 进化规划

进化规划（Evolutionary Programming，EP）的过程可理解为从所有可能的计算机程序形成的空间中，搜索有高适应值的计算机程序个体，在进化规划中，几百或几千个计算机程序参与遗传进化。进化规划最早是由美国的福格尔（L. J. Fogel）等在 1962 年提出的。进化规划强调物种行为的变化。进化规划系统的表示自然地面向任务级。一旦选定一种适应性表示，就可以定义依赖于表示的变异操作，在具体的双亲行为上创建子孙。

进化规划最初是由一个随机产生的计算机程序群体开始的，这些计算机程序由适合于问题空间领域的函数所组成，函数可以是标准的算术运算函数、标准的编程操作、逻辑函数或由领域指定的函数。群体中每个计算机程序个体是用适应值测度来评价的，该适应值与特定的问题领域有关。

进化规划可繁殖出新的计算机程序以解决问题，可简单分为以下三个步骤。

（1）产生初始群体，它由关于问题（计算机程序）的函数随机组合而成。

（2）迭代完成下述子步骤，直至满足选择标准。

① 执行群体中的每个程序，根据它解决问题的能力，给它指定一个适应值。

② 应用变异等操作创造新的计算机程序群体。基于适应值概率从群体中选出一个计算机程序个体，然后用合适的操作作用于该计算机程序个体，把现有的计算机程序复制到新的群体中，通过遗传随机重组两个现有的程序，创造出新的计算机程序个体。

（3）在后代中适应值最高的计算机程序个体被指定为进化程序设计的结果。这一结果可能是问题的解或近似解。

## 2.7 群体智能

### 2.7.1 蚁群算法

【蚁群算法】

蚁群算法（Ant Colony Algorithm）是由意大利学者多里科（M. Dorigo）等在 1991 年的首届欧洲人工生命会议上提出的，该算法利用群体智能解决组合优化问题。多里科等将蚁群算法先后应用于旅行商问题（Travel Salesman Problem，TSP）、资源二次分配问题等经典优化问题，得到了较好的效果。蚁群算法在动态环境下表现出高度的灵活性和鲁棒性，如在电信、路由控制等方面的应用被认为是较好的算法应用实例之一。

1. 蚁群算法模型

自然界中的蚂蚁觅食是一种群体行为，该行为并非单只蚂蚁自行寻找食物源。蚂蚁在寻找食物的过程中，会在其经过的路径上释放信息素（Pheromone），信息素是很容易挥发的，随着时间的推移遗留在路径上的信息素会越来越少。如果蚂蚁在从巢穴出发时，路径上就已经有了信息素，那么蚂蚁会朝着信息素浓度高的路径移动，同时也会使得在它所经过的路径上的信息素浓度进一步加大，这样会形成一个正向的催化。经过一段时间的搜索后，蚂蚁最终可以找到一条从巢穴到食物源的最短路径。

迪诺伯（J. L. Deneubourg）及其同事为了验证蚂蚁觅食的特性，在阿根廷进行了一个实验。实验中建造了一座有两个分支的桥，其中一个分支的长度是另一个分支的两倍，同时把蚁巢和食物源分隔开来，如图 2.14 所示。实验发现，蚂蚁通常在几分钟内就选择了较短的那条分支。

【简单理解蚁群算法】

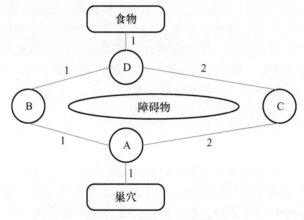

图 2.14 蚂蚁觅食示意图

蚁群算法具有分布计算、信息正反馈和启发式搜索的特征，本质上是进化算法中的一种启发式全局优化算法。

蚁群算法的简单流程如下。

（1）初始化。

（2）为每只蚂蚁选择下一个节点。

（3）更新信息素矩阵。

（4）检查终止条件。

（5）输出最优值。

2. 基于群体智能的混合聚类算法

基于群体智能的混合聚类算法的主要思想是，将待测对象随机分布在一个二维网格的环境中，用简单个体如蚂蚁测量当前对象在局部环境的群体相似度，并通过概率转换函数得到拾起或放下对象的概率，以这个概率行动，经过群体大量的相互作用，得到若

干聚类中心，最后采用递归算法收集聚类结果。

群体相似度是一个待聚类模式（对象）与其所在一定的局部环境中所有其他模式的综合相似度，基本测量公式如下。

$$f(o_i) = \sum_{o_j \in \text{Neigh}(r)} \left[1 - \frac{d(o_i, o_j)}{\alpha}\right] \tag{2.15}$$

式中，$\text{Neigh}(r)$ 表示局部环境，在二维网格环境中通常表示为以 $r$ 为半径的圆形区域；$d(o_i, o_j)$ 表示对象属性空间里 $o_i$ 与 $o_j$ 之间的距离，一般是欧氏距离；$\alpha$ 定义为群体相似系数，是群体相似度测量的关键系数。$\alpha$ 直接影响聚类中心的个数，同时也影响聚类算法的收敛速度，$\alpha$ 最终影响聚类的质量。若群体相似系数过大，不相似的对象可能会聚为一类；若群体相似系数过小，相似的对象可能分散为不同的类。

概率转换函数是将群体相似度转换为简单个体移动待聚类模式（对象）概率的函数，它是以群体相似度为自变量的函数，函数的值域是 $[0,1]$。另外，概率转换函数也可称为概率转换曲线。它通常是两条相对的曲线，分别对应模式拾起转换概率 $P_p$ 和模式放下转换概率 $P_d$。概率转换函数制定的主要原则是，群体相似度越大，模式拾起转换概率越小；群体相似度越小，模式拾起转换概率越大。而模式放下转换概率遵循大致相反的规律。

基于群体智能的混合聚类算法主要包括两个阶段：第一个阶段是实现基于群体智能的聚类过程；第二个阶段是以第一个阶段得到的聚类中心均值模板和聚类中心个数为参数，实现 K-均值聚类过程。当然在收集第一个阶段的聚类结果时，由单个模式形成的聚类中心将不列为第二个阶段的初始聚类中心模板。

## 2.7.2　粒子群优化算法

【精通粒子群算法通过两个 matlab 建模案例】

粒子群优化（Particle Swarm Optimization，PSO）算法是通过模拟鸟群觅食过程中的迁徙和群聚行为而提出的一种基于群体智能的全局随机搜索算法。粒子群优化与其他进化算法一样，也是基于"种群"和"进化"的概念，通过个体间的协作与竞争，实现复杂空间最优解的搜索。与其他进化算法不同的是，粒子群优化将群体中的个体看作在 $D$ 维搜索空间中没有质量和体积的粒子，其中每个粒子以一定的速度在解空间运动，并向自身历史最佳位置 Pbest 和邻域历史最佳位置 Nest 聚集，从而实现对候选解的进化。

在算法开始时，随机初始化粒子的位置和速度构成初始种群，初始种群在解空间中均匀分布。其中，第 $i$ 个粒子在 $n$ 维解空间的位置和速度可分别表示为 $X_i = (x_{i1}, x_{i2}, \cdots, x_{id})$ 和 $V_i = (v_{i1}, v_{i2}, \cdots, v_{id})$，然后通过迭代找到最优解。在每一次迭代中，粒子通过跟踪两个极值来更新自己的速度和位置。一个极值是粒子本身到目前为止所找到的最优解，这个极值称为个体极值 $Pb_i = (Pb_{i1}, Pb_{i2}, \cdots, Pb_{id})$；另一个极值是该粒子的邻域到目前为止找到的最优解，这个极值称为整个邻域的最优粒子 $\text{Nbest}_i = (\text{Nbest}_{i1}, \text{Nbest}_{i2}, \cdots, \text{Nbest}_{id})$。粒子根据下式来更新自己的速度和位置。

$$V_i = V_i + c_1 \cdot \text{rand}() \cdot (\text{Pbest}_i - X_i) + c_2 \cdot \text{rand}() \cdot (\text{Nbest}_i - X_i) \tag{2.16}$$

式中，$c_1$ 和 $c_2$ 是加速常量，分别调节向全局最好粒子和个体最好粒子方向飞行的最大步长。若太小，则粒子可能远离目标区域；若太大，则会导致粒子突然向目标区域飞去或飞过目标区域。合适的$c_1$和$c_2$可以加快收敛且不易陷入局部最优。rand()是$0\sim1$的随机数。粒子在每一维飞行的速度不能超过算法设定的最大速度$V_{max}$。$V_{max}$较大，可以保证粒子种群的全局搜索能力；$V_{max}$较小，则粒子种群优化算法的局部搜索能力加强。

【粒子群优化算法】

式(2.16)由三部分构成：第一部分是$V_i$，表示粒子在解空间有按照原有方向和速度进行搜索的趋势，这可以用人在认知事物时总是用固有的习惯来解释；第二部分是$c_1\cdot$rand()$\cdot$($Pbest_i-X_i$)，表示粒子在解空间朝着过去曾碰到的最优解进行搜索的趋势，这可以用人在认知事物时总是用过去的经验来解释；第三部分是$c_2\cdot$rand()$\cdot$($Nbest_i-X_i$)，表示粒子在解空间朝着整个邻域过去曾碰到的最优解进行搜索的趋势，这可以用人在认知事物时总可以通过学习其他人的知识，也就是分享别人的经验来解释。

基本粒子群优化算法的流程可以简单叙述如下。

(1) 初始化。首先设置最大迭代次数、目标函数的自变量个数、粒子的最大速度、位置信息为整个搜索空间。在速度区间和搜索空间上随机初始化速度和位置。设置粒子群规模为$M$，每个粒子随机初始化一个飞行速度。

(2) 个体极值与全局最优解。定义适应度函数，个体极值为每个粒子找到的最优解，从这些最优解中找到一个全局值，称为本次全局最优解。与历史全局最优解比较，进行更新。

(3) 更新速度和位置。在鸟群觅食的过程中，通常飞鸟并不一定看到鸟群中其他所有飞鸟的位置和动向，往往只是看到相邻飞鸟的位置和动向。因此，研究粒子群优化算法时，可以有两种模式：全局最优和局部最优。

基本粒子群优化算法就是全局最优的具体实现。在全局最优模式中，每个个体被吸引到由种群任何个体发现的最优解。该结构相当于一个完全连接的社会网络，每一个个体都能够与种群中所有其他个体进行性能的比较，模仿真正最好的个体。每个粒子的轨迹都会受到粒子群中所有其他粒子的影响。全局最优模式有较快的收敛速度，但容易陷入局部极值。

而在局部最优模式中，粒子只根据它自己的信息和邻域内的最优解信息来调整它的运动轨迹，而不需要群体粒子的最优解信息。粒子的轨迹只受自身的认知和邻近的粒子状态的影响，而不是被所有粒子的状态影响。这样，粒子就不是向全局最优解移动，而是向邻域内的最优解移动。最终的全局最优解从邻域最优解内选出，即邻域最优解中适应值最高的解。在算法中，相邻两个邻域内的部分粒子有重叠，这样两个相邻邻域内的公共粒子可在两个邻域间交换信息，从而有助于粒子跳出局部最优，达到全局最优。

局部最优模式本身存在着两种不同的方式。一种方式是由两个粒子空间位置决定"邻居"，它们的远近用粒子间的距离来度量。另一种方式是编号方法，即粒子群中的粒子在搜索之前就被编以不同的号码，形成环状拓扑社会结构。对于第一种方式，在每次迭代之后都需要计算每个粒子与其他粒子间的距离来确定邻域中包括哪些粒子，这会导致算法的复杂程度增加，降低算法的运行效率。而第二种方式由于事先对粒子进行了编号，因而在迭代中粒子的邻域不会改变，这导致在搜索过程中，当前粒子与指定的邻域粒子迅速聚集，而整个粒子群就被分成几个小块，表面上看似增大了搜索

范围，实际上大大降低了收敛速度。虽然局部最优模式收敛速度较慢，但具有较强的全局搜索能力。

粒子群优化算法的优势在于算法的简洁性，易于实现，没有很多参数需要调整，且不需要梯度信息。粒子群优化算法是非线性连续优化问题、组合优化问题和混合整数非线性优化问题的有效优化工具。粒子群优化算法的应用包括系统设计、多目标优化、分类、模式识别、调度、信号处理、决策和机器人应用等，具体应用实例有模糊控制器设计、车间作业调度、机器人实时路径规划、自动目标检测和时频分析等。

## 2.8 知识发现

知识发现是从数据集中识别出有效的、新颖的、潜在有用的，以及可理解模式的非平凡过程。这里的数据集是一组事实 $F$（如关系数据库中的记录）。模式是一个用语言 $L$ 来表示的表达式 $E$，它可用来描述数据集 $F$ 的某个子集 $F_E$，$E$ 作为一个模式，要求本身比数据子集 $F_E$ 的枚举要简单。有效性是指发现的模式对于新的数据仍保持有一定的可信度。新颖性要求发现的模式应该是新的。潜在有用性是指发现的知识将来有实际效用，如用于决策支持系统里可提高经济效益。知识发现的过程要求是非平凡的，意思是要有一定程度的智能性和自动性，只给出所有数据的总和不能算作一个发现过程。

知识发现过程可粗略地归纳为三步：数据准备、数据挖掘及结果的解释评估。数据准备又可分为三个子步骤：数据选取、数据预处理和数据变换。

# 本章小结

机器学习是一个如何使计算机具有学习能力的研究领域，其最终目标是要使计算机能像人一样进行学习，并且能通过学习获取知识和技能，不断改善性能，实现自我完善。

简单的学习模型一般包括四个部分：环境、学习单元、知识库和执行单元。从环境中获得经验，到学习获得结果，这一过程可以分为三种基本的推理策略：归纳、演绎和类比。归纳学习中的变型空间学习可以看作在变型空间中的搜索过程，决策树学习是应用信息论中的方法对一个大的训练集做出分类概念的归纳定义。由于归纳推理通常是在实例不完整情况下进行的，因此归纳推理是一种主观不充分置信的推理。类比学习是根据一个已知事物，通过类比去解决另一个未知事物的推理过程，它的基础是相似性。基于案例的推理方法将人类经验以案例形式表示，并通过案例的调整和改造来获得当前问题的解。迁移学习的目标是将从一个环境中学到的知识用于帮助新环境中的学习任务，放宽了传统机器学习中的两个基本假设。

统计学习是基于数据构建概率统计模型并运用模型对数据进行预测与分析的学习方法，它是机器学习中较为活跃的研究领域。逻辑回归是一种分类模型，由条件概率分布表示。支持向量机是由 VC 维理论和结构风险最小化原则来导出的。支持向量机包括多项式学习机、径向基函数网络和双层感知器这几种特殊情形。虽然这些方法提供了训练数据的内在统计规律的不同表示，但它们都源于支持向量机设置的一个共同基础。通过使用一个恰当的内积核函数，支持向量机可以根据内积核函数的选择自动计算所有重要的网络参数。例如，在径向基函数情形，核函数是高斯函数，对于这种实现方法，径向基函数的数目和它们的中心，以及线性权值和偏置水平都是自动计算的，径向基函数的中心是由二次优化策略所挑选的支持向量所定义的，支持向量常常是由训练样本组成的样本总体的一部分。至于运行时间，当前支持向量机在相近泛化性能上比其他神经网络慢（如用反向传播算法训练的多层感知器），为了克服这些缺点，人们提出了许多支持向量机的改进方法。强化学习方法通过与环境的试探性交互来确定和优化动作序列，以实现序列决策任务。进化计算和群体智能都是利用自然进化和适应思想提出的机器学习方法，实质上是一种搜索寻优的计算系统。

为了提高机器的智能水平，必须大力开展机器学习的研究。只有机器学习的研究取得进展，人工智能和知识工程才会取得重大突破。今后机器学习的研究重点是研究学习过程的认知模型、机器学习的计算理论、新的学习算法，以及综合多种学习方法的机器学习系统等。数据集中知识发现的应用引起了人们极大的关注，从事人工智能和数据库研究的专家都认为这是一个极有应用意义的研究领域。数据库知识的发现主要分为分类规则、特性规则、关联规则、差异规则、演化规则和异常规则等。近年来，随着计算机网络，特别是 Internet 的发展，网络中的信息急剧增长，面向网络的信息服务和大数据挖掘成为当今一个热门的研究方向。

# 习　题

1. 简单的学习模型由哪几部分组成？各部分的功能是什么？
2. 机器符号学习的基本过程是什么？
3. 可以从哪几个角度来划分机器学习方法？按各个分类方式阐述主要的机器学习类型。
4. 什么是归纳学习？它有什么特点？
5. 试对各种不同的机器学习方法进行比较，并分析它们各自的适用场合。
6. 试解释强化学习模型及其与其他机器学习方法的异同。
7. 什么是 Q-学习？它的基本原理是什么？
8. 说明遗传算法的构成要素，画出遗传算法流程图。
9. 简述蚁群算法的原理，用蚁群算法求解旅行商问题。
10. 基于案例的推理系统的基本结构是什么？请说明各部分的主要功能。

【第2章　在线答题】

# 第**3**章
## 神经网络

神经网络是现代人工智能最重要的一个分支。别以为名称中带"网络"二字，神经网络就是一种设备，其实不然。那么神经网络究竟是什么？神经网络到底能干什么？它的基本工作原理是什么？为什么神经网络是人工智能的一个重要分支？神经网络都有哪些类型，各自都有什么特点？神经网络可以解决哪些问题？这些问题都可以在本章中找到答案。

教学目标

【神经网络
是什么】

> 了解神经网络的概念、类型及思想；
> 掌握感知机学习算法及误差反向传播算法；
> 了解离散 Hopfield 网络和连续 Hopfield 网络模型及思想；
> 了解模拟退火算法及玻尔兹曼机原理；
> 理解深度学习的主要类型及工作原理。

教学要求

| 知识要点 | 能力要求 | 相关知识 |
|---|---|---|
| 神经网络概述 | (1) 掌握神经网络的概念；<br>(2) 了解神经网络的发展历史 | 神经网络的类型 |
| 神经信息处理<br>的基本原理 | (1) 了解并行分布处理模型；<br>(2) 掌握并行分布处理模型的工作原理 | 激活函数 |
| 感知机 | (1) 了解感知机的基本神经元及模型；<br>(2) 掌握无隐层感知机学习算法 | 无隐层感知机<br>学习算法 |
| 前馈神经网络 | (1) 了解前馈神经网络模型；<br>(2) 理解误差反向传播算法；<br>(3) 掌握误差反向传播算法的改进思想 | 逐个处理<br>成批处理 |

续表

| 知识要点 | 能力要求 | 相关知识 |
|---|---|---|
| Hopfield 神经网络 | （1）了解离散型 Hopfield 神经网络模型及思想；<br>（2）了解连续型 Hopfield 神经网络模型及思想 | 能量函数 |
| 随机神经网络 | （1）了解模拟退火算法；<br>（2）了解玻尔兹曼机原理 | 模拟退火算法<br>玻尔兹曼机 |
| 深度学习 | （1）了解深度学习概念；<br>（2）理解深度学习的主要类型及工作原理 | 表征学习<br>机器学习 |
| 自组织神经网络 | （1）了解自组织特征映射网络模型；<br>（2）掌握网络自组织算法；<br>（3）掌握监督学习方法 | Kohonen<br>网络训练算法 |

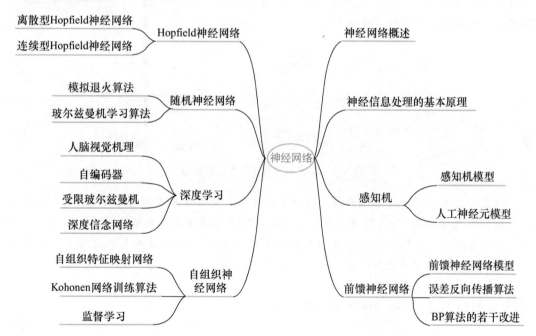

 **推荐阅读资料**

1. 吴岸城. 神经网络与深度学习 [M]. 北京: 电子工业出版社, 2016.
2. 余少波, 胡守仁. 人工智能与神经网络 [J]. 1990 (02): 64 - 68.

 **基本概念**

神经网络 (Neural Network, NN) 也称人工神经网络, 是一种模仿动物神经网络行为特征, 进行分布式并行信息处理的算法数学模型。

感知机也称人工神经元, 是神经网络的基本处理单元。

Hopfield 神经网络是一个由非线性元件构成的全连接型单层反馈系统。

深度学习是机器学习中一种基于对数据进行表征学习的方法, 是一种能够模拟人脑的神经结构的机器学习方法。

 **引例 1**: 只需一幅草图, 神经网络替你生成三维模型

"你的大脑并不产生思想。你的思想塑造了神经网络。"麻省理工学院和蒙特利尔大学的研究人员提出了一种三维建模方法, 利用神经网络搭建深度学习系统, 只需一幅二维草图, 就能够自动生成三维模型, 如图 3.1 所示。

图 3.1 二维草图自动生成三维模型

给定一幅手工制作的二维草图, 这个方法能够自动推断出完整的参数化 3D 模型, 专业人员就可以对这个 3D 模型进行编辑、渲染或转换为网格, 大大减少了建模过程的工作量。同时这个方法能够真实还原物体中较为锐利的特征 (如机翼和尾翼边缘) 及平滑区域, 效果比以往的方法更为出色。

 **引例 2**: 石灰窑炉的神经网络建模

神经网络应用广泛, 尤其在系统建模与控制方面都得到了很好的应用。石灰窑炉是造纸厂中的一个回收设备, 它可以使生产过程中所有的化工原料循环使用, 从而降低生产成本并减少环境污染。它的工作原理就是一个物理-化学变化的过程。以前曾有人分析石灰窑炉内的物理-化学变化, 并根据传热和传质过程来建立窑内的数学模型, 这个方法

中的很多参数必须通过机理分析、假设和大量实验来确定，应用该数学模型需要测试所有的状态变量，而这在实际情况下很难做到。从过程控制的角度来看，这种建模方法不仅是很难实现的，而且也不是十分必要的。因此，大多采用系统辨识方法，将对象看作一个"黑箱"，不去分析其内部的反应机理，而只研究对象的主要控制变量和输出变量之间的相互关系，神经网络系统辨识方法就是其中一种。图3.2给出了用神经网络辨识石灰窑模型的系统结构。

神经网络选为有两个隐层的四层前馈网络，隐层各神经元的激活函数均为 tanh。训练和检验神经网络模型需要大量能充分反映系统非线性特性的输入输出样本，为了不影响正常生产，这里输入输出样本是在一个已被验证的机理模型上做仿真实验得到的。为了对系统充分激励，使训练能覆盖其全部工作范围，对系统分别输入正弦信号、阶跃信号和伪随机二进制信号，得到输入输出数据，然后用误差反向传播算法训练神经网络。

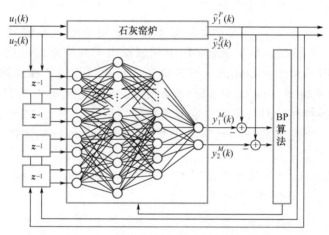

图 3.2　石灰窑炉的神经网络系统辨识

## 3.1　神经网络概述

### 3.1.1　神经网络简介

神经网络一般可以分为四种类型：前馈型、反馈型、随机型和自组织竞争型。神经网络也称人工神经网络，是一种模仿动物神经网络行为特征，进行分布式并行信息处理的算法数学模型。这种网络依靠系统的复杂程度，通过调整内部大量节点之间相互连接的关系，从而达到处理信息的目的。人工神经网络是一种应用类似于大脑神经突触连接的结构进行信息处理的数学模型，在工程与学术界常将它简称为神经网络或类神经网络。

神经网络的研究已有很多年的历史，但其发展是不平衡的，它的兴衰还与"人工智能走什么路"这一争议问题有关。由于其结构的复杂性，起始阶段进展不快，并一度陷入低谷，但仍有不少有识之士在极其艰难的条件下坚持研究，使研究工作始终没有中断，并在模型建立等理论方面取得

【神经网络概述】

了突破性的进展。时至今日，人工神经网络已经成为信息领域的热门研究课题。

**发现故事：神经网络的由来**

神经网络技术起源于20世纪50、60年代，当时叫感知机（Perceptron），包含有输入层、输出层和一个隐藏层。输入的特征向量通过隐藏层变换到达输出层，由输出层得到分类结果。但早期的单层感知机存在一个严重的问题——它对稍微复杂一些的函数都无能为力（如异或操作）。这个问题直到20世纪80年代才被辛顿（G. E. Hinton）、鲁梅哈特（D. Rumelhart）等发明的多层感知机克服，就是具有多层隐藏层的感知机。

## 3.1.2　神经网络的发展历史

### 1. 第一个阶段——初始发展期（20世纪40年代至60年代）

1943年，美国神经生理学家麦克洛奇和数理逻辑学家皮兹建立了神经网络和数学模型，称为M-P模型。他们通过M-P模型提出了神经元的形式化数学描述和网络结构方法，证明了单个神经元能执行逻辑功能，从而开创了神经网络研究的时代。1949年，心理学家赫布（D. O. Hebb）提出了改变神经元间连接强度的赫布定律，该定律至今仍在各种神经网络模型中起着重要的作用。20世纪60年代，神经网络得到了进一步发展，更完善的神经网络模型被提出，其中包括感知机和自适应线性元件等。

提示：图灵在1948年的论文中描述了一种"B型图灵机"。之后，研究人员将基于Hebb型学习的思想应用到"B型图灵机"上。

### 2. 第二个阶段——低谷期（20世纪60年代末至70年代末）

明斯基等仔细分析了以感知机为代表的神经网络系统的功能及局限后，于1969年出版*Perceptron*一书，指出感知机不能解决高阶谓词问题。他们的论点极大地影响了神经网络的研究，加之当时串行计算机和人工智能所取得的成就，掩盖了发展新型计算机和人工智能新途径的必要性和迫切性，使神经网络的研究处于低潮。在此期间，一些神经网络的研究者仍然致力于这一研究，提出了适应谐振理论、自组织映射、感知机网络，同时进行了神经网络数学理论的研究。以上研究为神经网络的研究和发展奠定了基础。

### 3. 第三个阶段——兴盛期（20世纪80年代至今）

1982年，美国物理学家霍普菲尔德（J. J. Hopfield）提出了Hopfield神经网格模型，引入了"计算能量"的概念，给出了网络稳定性判断。1984年，他又提出了连续时间Hopfield神经网络模型，为神经计算机的研究做了开拓性的工作，开创了神经网络用于联想记忆和优化计算的新途径，有力地推动了神经网络的研究。1985年，有学者提出了玻耳兹曼模型，在学习中采用统计热力学模拟退火技术，保证整个系统趋于全局稳定点。1986年，鲁梅哈特等发展了误差反向传播算法，也称BP算法。同年鲁梅哈特还出版了*Parallel Distribution Processing：Explorations in the Microstructures of Cognition* —

书。迄今，BP 算法已被用于解决大量实际问题。1988 年，林斯克（R. Linsker）对感知机网络提出了新的自组织理论，并在香农信息论的基础上形成了最大互信息理论，从而点燃了基于神经网络的信息应用理论的火炬。1988 年，布鲁姆赫德（D. Broomhead）和洛维（D. Lowe）用径向基函数（Radial Basis Function，RBF）提出分层网络的设计方法，从而将神经网络的设计与数值分析和线性适应滤波相挂钩。20 世纪 90 年代初，万普尼克（V. N. Vapnik）等提出了支持向量机和 VC 维数的概念。神经网络的研究受到了许多国家的重视，美国国会通过决议将 1990 年 1 月 5 日开始的十年定为"脑的十年"，国际研究组织号召它的成员国将"脑的十年"变为全球行为。在日本的"真实世界计算"（Real World Computing，RWC）项目中，人工智能的研究成了一个重要的组成部分。

**小知识**：1989 年，燕乐存（Y. LeCun）等将 BP 算法引入了卷积神经网络，并在手写体数字识别上取得了很大的成功。

**世界之最**：最成功的神经网络学习算法

BP 算法是迄今最为成功的神经网络学习算法，不仅应用于多层前馈网络，还用于其他类型神经网络的训练，具有理论依据坚实、推导过程严谨、物理概念清楚、通用性强等优点。

## 3.2 神经信息处理的基本原理

神经网络是由大量处理单元组成的非线性大规模自适应动力系统。它是在现代神经科学研究成果的基础上提出的，试图通过模拟大脑神经网络处理、记忆信息的方式设计出一种新的机器，使之具有人脑那样的信息处理能力。同时，对这种神经网络的研究将进一步加深人们对思维及智能的认识。

大脑神经信息处理是由一组相当简单的单元通过相互作用完成的。每个单元向其他单元发送兴奋性信号或抑制性信号。单元表示可能存在的假设，单元之间的相互连接则表示单元之间存在的约束。这些单元的稳定的激活模式就是问题的解。1986 年，鲁梅哈特、麦克莱兰（J. J. McClelland）共同提出了并行分布处理（Parallel Distributed Processing，PDP）模型的八个方面。

（1）一组处理单元。

（2）单元集合的激活状态。

（3）各个单元的输出函数。

（4）单元之间的连接模式。

（5）通过连接网络传送激活模式的传递规则。

（6）把单元的输入和它的当前状态结合起来，以产生新激活值的激活规则。

（7）通过经验修改连接模式的学习规则。

（8）系统运行的环境。

下面简单介绍这几个方面。

1. 处理单元

任何一种并行激活模型都是从一组处理单元着手建立起来的。指定一组处理单元，并指定单元所表达的内容，是建立一个 PDP 模型应采取的第一个步骤。在一些模型中，单元可能表示特定的知觉实体，如特征、字母、单词和概念等。在另一些模型中，单元仅表示抽象的元素，有意义的模式是用这些元素定义的。当提到分布式表象时，意思是在这个表象中，单元所表示的是很小的类特征信息。在这种情况下，正是作为整体的模式，才是有意义的分析层次。这恰与一个单元表示一个概念的传统表象系统形成了鲜明的对比。

设 N 是单元的数目。随意把这些单元依次排起来，并指定第 $i$ 个单元为 $u_i$。PDP 模型的全部处理功能就是由这些单元实现的。这里并没有什么监督者，有的只是相当简单的单元，以及它们各自所做的相当简单的工作。一个单元的工作，仅仅是接收来自相邻单元的输入，并作为这些输入的一个函数，计算它传送给相邻单元的输出。系统本质上是并行的，因为许多单元同时进行着计算。

在任何一个要建立模型的系统中，把单元分成输入单元、输出单元和隐单元三类，往往是有用的。输入单元接收来自系统外部的输入信号。它们可以是感觉输入，也可以是模型外的系统输入。输出单元向系统外部发送信号。它们可直接影响运动系统，也可以只影响模型外的系统。隐单元是输入、输出都在建模系统内部的那些单元，从系统外部是看不到隐单元的。

### 2. 激活状态

除确定一组处理单元外，还必须把系统在时刻 $t$ 的状态表达清楚。系统的状态由一个 N 维时间向量 $a(t)$ 指定，它表示处理单元集上的激活模式。每一个分量则表示对应单元在时刻 $t$ 的激活值。单元 $u_i$ 在时刻 $t$ 的激活值为 $a_i(t)$。正是单元集上的激活模式刻画了系统在时刻 $t$ 所表示的对象。系统的处理过程可以看作单元集上的激活模式随时间演化的过程。

假设不同的模型对其单元激活值的取值范围不尽相同。激活值可以是连续的，也可以是离散的。如果取连续值，它们可以有界，也可以无界。如果取离散值，它们可以是二值的，也可以是多值的。在一些模型中，单元激活值是连续的，并允许取任何实数值。在另一些情况下，激活值被限定在某个最小值和最大值之间，如取 [0,1] 区间内任一实数值。在另一些模型中，单元激活值是离散的，大多是取二值的。有时限定只取 0 和 1，取 1 常指单元是活动的，0 则指单元不活动；有时限定只取 −1 和 +1（即为 {−1，+1}）。当然，也有取多个离散值的，如把激活值限制于 {−1,0,+1} 或 {1,2,3,4,5,6,7,8,9}。注意，上述每一个具体的假定，都会导致模型具有某种略微不同的特性。

### 3. 单元输出

单元之间存在着相互作用，这是由相邻单元之间的信号传送造成的。信号的强度即它们对相邻单元影响的大小，取决于单元激活值的大小。每一个单元都有一个输出函数 $f_i(a_i(t))$，它将单元的当前激活值 $a_i(t)$ 映射成一个输出信号 $o_i(t)$。在向量表示法中，用 $o(t)$ 表示当前输出值的集合。在某些模型中，输出值正好等于激活值，这时 $f$ 是恒等函数，即 $f(x)=x$。更常见的 $f$ 是某种阈值函数，除非单元激活值超过某一数值，否则它就不影响其他单元。有时，还假定 $f$ 是一个随机函数，在这种情况下，单元的输入将以概率的方式依赖于激活值。

### 4. 连接模式

单元之间是互相连接的。正是这种连接模式，构成了系统的知识，决定了系统对任一输入的响应方式。在一个 PDP 模型中，规定在系统内部被编码的知识，其实就是要确定处理单元之间的这一连接模式。

在许多情况下可以假定每个单元都向它连接的单元提供一个可加性输入，因此一个单元的总输入就是从各单元发出的各独立输入的加权和，即该单元的总输入等于和它相连的各个单元的输入乘以相应的权值之和。只要确定了系统中各个连接的权值，就能表示出整个连接模式。通常，这样一种连接模式是用权值矩阵 $W$ 表示的，其中，矩阵元素 $w_{ij}$ 表示从单元 $u_i$ 到单元 $u_j$ 的连接强度和性质。如果 $u_i$ 兴奋 $u_j$，则 $w_{ij}$ 是一个正数；相反，如果 $u_i$ 抑制 $u_j$，则 $w_{ij}$ 是一个负数。$w_{ij}$ 的绝对值则表示连接的强度。但是在一般情况下，需要采用更复杂的连接模式。

一个给定单元可以接收不同类型的输入，这些不同类型对它的影响是分别求和的。在这种场合下，不难对每一类连接指定一个独立的连接矩阵。因此可用一组连接矩阵 $W_i$ 来表示连接模式，一类连接对应于一个矩阵。在前面曾假定，当兴奋性连接和抑制性连接共存时，对兴奋性输入和抑制性输入采用简单的代数相加形式，在这个意义下，兴奋和抑制并不是不同类型的连接。只有使用了更复杂的规则，才会有连接类型的区分。

连接模式是极其重要的。因为正是这种模式决定着每个单元所表达的内容，所以才会有许多问题。例如，一个系统是不是分层次的？如果是分层的，那么要分几层？一个多层系统是采用自下而上处理，还是采用自上而下处理？这些完全取决于连接矩阵的性质。一个网络能够记忆多少信息？它必须执行多少串行处理？这些问题也和连接模式有关，取决于一个单元的扇入和扇出。一个单元的扇入是指能兴奋或抑制该单元的单元数目，一个单元的扇出则是指该单元能直接影响的单元数目。

### 5. 传递规则

把输出向量 $o(t)$（它表示若干个单元的输出值）和连接矩阵结合起来，使各类输入进入单元以产生净输入的规则，称为传递规则。单元 $u_j$ 的第 $i$ 类净输入记为 $net_{ij}$。如果只有一类连接，那么就略去第一个下标，用 $net_j$ 表示单元 $u_j$ 的净输入。使用向量表示，则第 $i$ 类输入引起的净输入可记为 $net_i(t)$。传递规则通常是直截了当的。例如，假定有两类连接，即兴奋性连接和抑制性连接，那么净抑制性输入由 $net_i = W_i o(t)$ 给出。对于更复杂的连接模式，一般需要使用更复杂的传递规则。

### 6. 激活规则

把某一特定单元的各类净输入互相结合起来，再和该单元的当前状态结合起来，以产生一个新的激活状态的规则，称为激活规则（或更新规则）。这个规则用函数 $F$ 表示。也就是说，当前激活状态 $a(t)$ 和各类不同连接的净输入向量 $net_j$，通过 $F$ 的作用，就能产生一个新的激活状态。在最简单的情况下，$F$ 是恒等函数，全部连接是同一类连接，这时激活规则可写为

$$a(t+1)=Wo(t)=\mathbf{net}(t) \tag{3.1}$$

有时 $F$ 是一个阈值函数，只有当净输入超过某个数值后，才能对新的激活状态有所贡献。通常，一个新的激活状态不仅取决于单元当前的状态，而且还取决于单元原有的状态，但是一般情况下总有

$$a(t+1)=F(a(t),\mathbf{net}(t),\mathbf{net}(t),\cdots) \tag{3.2}$$

这个函数 $F$ 就是我们所说的激活规则。通常假设 $F$ 是决定型函数。例如，如果 $F$ 是阈值函数，那么当总输入超过某个数值时，$a_i(t)=1$，否则，$a_i(t)=0$。在另一些场合，假定 $F$ 是随机函数。有时假定激活值是随时间慢慢衰减的，因此即使没有外部输入，单元激活值也不会直接衰减到零。每当假设 $a_i(t)$ 取连续值时，一般就假定 $F$ 是某种 S 形函数，因此每个单元都会饱和，而达到最大激活值或最小激活值。

### 7. 学习规则

在 PDP 模型中，改变处理过程或知识结构，就是修改相互连接模式。实际上，一切修改都可以归结为通过经验而修改连接强度。可以认为，PDP 模型的所有学习规则都是赫布学习规则的某种派生形成的。

赫布学习规则的基本思想是，如果一个单元 $u_i$ 接收从另一个单元 $u_j$ 来的输入，那么当这两个单元都激烈活动时，从 $u_j$ 到 $u_i$ 的权值 $w_{ij}$ 就应当增大。

赫布学习规则的一般形式为

$$\Delta w_{ij}=g(a_i(t),t_i(t))h(o_j(t),w_{ij}) \tag{3.3}$$

式中，$t_i(t)$ 是 $u_i$ 的某种教师输入。简单地说，该式说明从 $u_j$ 到 $u_i$ 的连接强度的改变等于两个函数的乘积。一个函数是 $g()$，它是 $u_i$ 的激活值 $a_i(t)$ 及其教师输入 $t_i(t)$ 的函数；另一个函数是 $h()$，它是 $u_j$ 的输出值 $o_j(t)$ 和连接强度 $w_{ij}$ 的函数。

### 8. 工作环境

任何一种 PDP 模型，至关重要的一点是对它所处的工作环境要有一个清晰的模型。在 PDP 模型中，一般是用输入模式空间上的一个时变随机函数来表达环境的。也就是说，在任一时刻，任何一个可能的输入模式都会以某个概率进入输入单元。这个概率函数通常不仅可能依赖于系统的输出，而且还可能依赖于系统的输入历史。实际上，大多数 PDP 模型所涉及的环境特性要简单得多。典型的情况是，对可能的输入模式集合使用一个和系统以往输入及响应无关的、稳定的概率分布，来刻画环境特性。在这种情况下，不难把可能的输入集合逐一列出，并对它们从 1 到 $M$ 编号，于是环境就可以用一组概率 $P_i(i=1,2,\cdots,M)$ 表达清楚。由于各个输入模式都可看作向量，因此可以用一组非零概率把这些模式描述为正交的或线性无关的向量集。这样做有时是有用的。因为某些 PDP 模型的局限性，就在于它们能学会的模式种类。例如，一些模型仅当输入向量是一个正交集时才能学会做出正确的响应；另一些模型则要求输入向量是一个线性无关集；当然也有一些模型能学习任意输入模式并做出相应的响应。

目前，对连接理论的主要特点，即连接性、并行性、分布性、非符号性和连续性等也存在不同的看法。有人认为 PDP 模型不过是一种还原主义，把心理学还原成神经生理学，最后还原成物理学。这种说法是不合理的。实际上，PDP 方法认为，由网络单元的相互作用所揭示出来的性质，才是认知的本质。整体大于局部之和，因为在各部分之间存在非线性相互作用，决定网络行为的是大量单元的集合运算作用，而不是个别单元的特性。斯莫伦斯基（P. Smolensky）于 1988 年提出，非符号性并不是连接模型的本质特点，他在连接理论中采用亚符号方式表示概念。

认知科学和神经科学的共同目标是，要理解"精神–大脑"是怎样工作的。实验研究当然是非常重要的，但要将细胞的微观水平上的知识和认知的系统水平上的知识联系起来，还必须借助于脑的模型研究，研究精神处理过程和内部表象结构，即研究大脑执行的认知算法。

## 3.3 感知机

### 3.3.1 基本神经元

感知机也称人工神经元，是神经网络的基本处理单元。1943 年，麦克洛奇和皮兹定义了一个人工神经元模型，称为 M-P 模型，如图 3.3 所示。图中给出了一个基本的人工神经元的结构，从外部环境或其他神经元的输出构成输入向量 $(x_1, x_2, \cdots, x_n)^{\mathrm{T}}$，其中 $x_i$ 为其他神经元的输出或兴奋水平。连接两个神经元的可调值称为权值或长期记忆。所有和神经元 $j$ 相连接的权值构成向量 $\boldsymbol{W}_j = (w_{j1}, w_{j2}, \cdots, w_{jn})^{\mathrm{T}}$，其中 $w_{ji}$ 代表处理单元 $i$ 和 $j$ 之间的连接权值。通常还加上一个偏置常数 $\theta_j$。此时神经单元的计算过程可以表示为

$$y_i = f(\boldsymbol{W}_j^{\mathrm{T}} \boldsymbol{x} - \theta_j) \tag{3.4}$$

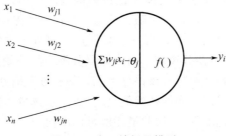

图 3.3 人工神经元模型

或者用数学符号写成

$$y_i = f\left(\sum_{i=1}^{n} w_{ji} x_i - \theta_j\right) \tag{3.5}$$

其中的函数通常为线性函数、带限的线性函数、阈值型函数、Sigmoid 函数或双曲函数中的一种函数。

### 3.3.2 感知机模型

感知机模型由输入层和输出层两层构成，不失一般性，可以假设输出层仅有一个神经元。感知机模型如图 3.4 所示。

外界信号经过加权后输入最后一个单元，若不小于偏置，则输出为 1，否则输出为 $-1$。

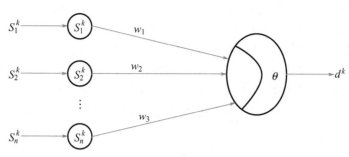

图 3.4　感知机模型

设网络输入模式向量 $s^k = (s_1^k, s_2^k, \cdots, s_n^k)^T$，对应的期望输出为 $d^k$，由输入自输出的权值向量为 $\boldsymbol{W} = (w_1, w_2, \cdots, w_n)^T$，网络按以下策略进行学习。

给定一个数据集，$T = \{(x_1, y_1), (x_2, y_2), \cdots, (x_N, y_N)\}, x_i \in \chi \subseteq \boldsymbol{R}^n$，$y_i \in Y \subseteq \{+1, -1\}$，$i = 1, 2, 3, \cdots, N$。如果存在某个超平面 $\omega \cdot x + b = 0$，能够将数据集的正实例和负实例完全正确地划分到超平面的两侧，则称数据集 $T$ 为线性可分数据集（Linear Separable Dataset）；否则，称数据集 $T$ 线性不可分。

假设训练数据集是线性可分的，感知机学习的目标是求得一个能够将训练集正实例点和负实例点完全正确分开的分离超平面。为了找出这样的超平面，除了确定感知机模型的参数 $\omega$、$b$ 之外，还需要确定一个学习策略。

感知机学习算法是误分类驱动的，具体采用随机梯度下降算法。首先，任意选择一个超平面，然后用梯度下降算法不断极小化目标函数。极小化过程中不是一次就使得误分类点中所有点的梯度下降，而是一次随机选取一个误分类点使其梯度下降。

这种学习算法直观上可解释为，当一个实例点被误分类，即位于分离超平面错误的一侧时，则调整 $\omega$、$b$ 的值，使分离超平面向该误分类点的一侧移动，以减小误分类点与超平面之间的距离，直到超平面越过该误分类点，使其被正确分类。

感知机学习算法由于采用不同的初始值 $(\omega_0, b_0)$ 或选取不同的误分类点（因为在选取误分类点的时候是随机选取的），因此最终解可以不同。

## 3.4　前馈神经网络

### 3.4.1　前馈神经网络模型

前馈神经网络（Feedforward Neural Network，FNN）简称前馈网络，是人工神经网络的一种。前馈神经网络采用一种单向多层结构，其中每一层包含若干个神经元。在此种神经网络中，各神经元可以接收前一层神经元的信号，并产生输出到下一层。第 0 层称为输入层，最后一层称为输出层，其他中间层称为隐层或隐藏层、隐含层。隐层可以是一层，也可以是多层。整个网络中无反馈，信号从输入层向输出层单向传播，可用一个有向无环图表示，如图 3.5 所示。前馈神经网络的输入单元从外部环境中接收信号，经处理将输出信号

【前馈神经网络】

加权后传给其投射域中的神经元,网络中的隐单元或输出单元 $i$ 从其接受域中接受净输入 $\mathbf{net}_i = \sum\limits_{j \in R_i} w_{ij} y_j$(其中,$y_j$ 为单元 $j$ 的输出,$w_{ij}$ 为权重,$R_i$ 为神经元的接受域),然后向它的投射域 $p_i$ 发送输出信号 $y_i = f(\mathbf{net}_i)$,对神经元 $i \in V$ 定义它的投射域为 $p_i = \{j : j \in V, (j, i) \in E\}$,即表示单元 $i$ 的输出经加权后直接作为其净输入的一部分的神经单元,其中 $V = \{0, 1, \cdots, n\}$ 为神经元集合,$E \in V \times V$ 为连接权值集合。同样地定义神经元的接受域为 $R_i = \{j : j \in V, (j, i) \in E\}$,即表示其输出经加权后直接作为神经元 $i$ 的净输入的一部分的神经单元。$f$ 可以为任意的可微函数,一般常用的为 $f(x) = 1/(1 + e^{-x})$。上述过程一直持续到所有的输出单元得到输出为止,它们的输出作为网络的输出。

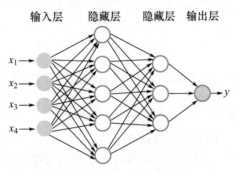

图 3.5 一般前馈神经网络模型

多层前馈神经网络需要解决的关键问题是学习算法。以鲁梅哈特和麦克莱兰为首的科研小组提出的误差反向传播算法,为多层前馈神经网络的研究奠定了基础。多层前馈神经网络能逼近任意非线性函数,在科学技术领域中有着广泛的应用。

误差反向传播算法存在的问题是学习速度较慢。针对这一问题,众多学者进行了广泛的研究和探索,并取得了较多有价值的成果。研究表明,多层前馈神经网络的学习速度与学习算法的优化准则、优化方法及学习速率的选择等诸多因素有关。

## 3.4.2 误差反向传播算法

误差反向传播算法也称 BP 算法。直到今天,BP 算法仍然算得上是自动控制上最重要、应用最多的有效算法。它还是用于多层前馈神经网络训练的著名算法,具有理论依据坚实、推导过程严谨、物理概念清楚、通用性强等优点。但是,人们在使用中也发现 BP 算法存在收敛速度缓慢、易陷入局部极小等缺点。

【误差反向
传播算法】

BP 算法的基本思想是:对一定数量的样本对(输入和期望输出)进行学习,学习过程由信号的正向传播与误差的反向传播两个过程组成,即将样本的输入送至网络输入层的各个神经元,经隐层和输出层的计算后,输出层各个神经元输出对应的预测值。若预测值和期望值之间的误差不满足精度要求,则从输出层反向传播该误差,从而进行权值和阈值的调整,使得网络的输出和期望输出间的误差逐渐减小,直至满足精度要求。

BP 算法包括以下两个过程。

（1）正向传播过程：输入样本→输入层→各隐层（处理）→输出层。

注意，若输出层实际输出与期望输出不符，则转入过程（2），即误差反向传播过程。

（2）误差反向传播过程：输出误差（某种形式）→隐层（逐层）→输入层。其主要目的是通过将输出误差反传，将误差分摊给各层所有单元，从而获得各层单元的误差信号，进而修正各单元的权值。其过程是一个权值调整的过程，也就是网络的学习训练过程。

BP 算法的具体流程如下。

（1）初始化。

（2）输入训练样本对，计算各层输出。

（3）计算网络输出误差。

（4）计算各层误差信号。

（5）调整各层权值。

（6）检查网络总误差是否达到精度要求，若满足，则训练结束；若不满足，则返回步骤（2）。

BP 算法有以下四点不足。

（1）易形成局部极小而得不到全局最优。

（2）训练次数多使得学习效率低下，收敛速度慢（需做大量运算）。

（3）隐节点的选取缺乏理论支持。

（4）训练时学习新样本有遗忘旧样本的趋势。

关于 BP 算法，需要做以下几点说明。

（1）在更新权值时，之所以需要取反，是因为要更新误差函数极小值的方向而不是极大值的方向。

（2）结果可能会收敛到极值。如果有且只有一个极小值，梯度下降的"爬山"策略一定可以起作用。然而，误差曲面往往有许多局部最小值和最大值。如果梯度下降的起始点恰好介于局部最大值和局部最小值之间，则沿着梯度下降最大的方向会到达局部最小值。

（3）通过反向传播来获得收敛，速度很慢。

（4）反向传播学习不需要输入向量的标准化，但标准化可提高性能。

（5）隐层神经元个数对 BP 神经网络的性能影响较大。若隐层神经元的个数较少，则网络不能充分描述输出和输入变量之间的关系；相反，若隐层神经元的个数较多，则会导致网络的学习时间变长，甚至会出现过拟合的问题。一般地，确定隐层神经元个数的方法是在经验公式的基础上，对比隐层不同神经元个数对模型性能的影响，从而进行选择。

上述的 BP 算法存在以下缺点：首先，为了极小化总误差，学习速率 $\alpha$ 应选得足够小，但是小的 $\alpha$ 学习过程将很慢；其次，大的 $\alpha$ 虽然可以加快学习速度，但又可能导致学习过程的动荡，从而收敛不到期望解；最后，学习过程可能收敛于局部极小点或在误差函数的平稳段停止不前。

一种简单的改进方法是，在连接权值的调整方程中加惯性项，以平滑权值的变化。这时第 $r$ 层连接权值 $W^{(r)}$ 第 $p$ 行的调整方程可表示为

$$\Delta W_{p,k}^{(r)} = \alpha \varepsilon_{p,k}^{(r)} h_k^{(r+1)} + \mu \Delta W_{p,k-1}^{(r)} \quad (p=1,2,\cdots,n_r) \tag{3.6}$$

式中，$\mu$ 为惯性系数；$0 \leqslant \alpha \leqslant 1$（典型值为 $\alpha = 0.9$）。式(3.6)右边第二项为惯性项，它的引入可以提高收敛速度和改善动态性能（可以抑制寄生振荡）。事实上，如果前一步权值的变化很大，那么将这个量的一部分加到现行权值的调整上必然会加速收敛过程。式(3.6)可以看作共轭梯度法的一种简单形式。不同的是在共轭梯度法中，参数 $\beta(k)$ 在第一步是由算法自动计算的，而惯性系数 $\mu$ 是由使用者确定的。

针对 BP 算法收敛速度慢的问题，研究者提出了很多改进方法。在这些方法中，通过对学习速率的调整以提高收敛速度的方法被认为是一种最简单有效的方法。

## 3.5　Hopfield 神经网络

1982 年，美国物理学家霍普菲尔德提出了 Hopfield 神经网络。他利用非线性动力学系统理论中的能量函数方法研究反馈神经网络的稳定性，并利用此方法建立求解优化计算问题的系统方程式。基本的 Hopfield 神经网络是一个由非线性元件构成的全连接型单层反馈系统。

【Hopfield
神经网络】

Hopfield 神经网络中的每个神经元既是输入也是输出，网络中的每一个神经元都将自己的输出通过连接权值传送给所有其他神经元，同时又都接收所有其他神经元传递过来的信息。即网络中的神经元在 $t$ 时刻的输出状态实际上间接地与 $t-1$ 时刻的输出状态有关。神经元之间互相连接，所得到的权重矩阵将是对称矩阵。同时，Hopfield 神经网络成功引入能量函数的概念，使网络运行的稳定性判断有了可靠依据。基本的 Hopfield 神经网络是一个由非线性元件构成的全连接型单层递归系统。其状态变化可以用差分方程来表示。递归型网络的一个重要特点就是它具有稳定状态。当网络达到稳定状态的时候，就是它的能量函数达到最小的时候。

这里的能量函数不是物理意义上的能量函数，而是在表达形式上与物理意义上的能量概念一致，即它表征网络状态的变化趋势，并可以依据 Hopfield 神经网络模型的工作运行规则不断地进行状态变化，最终能够到达具有某个极小值的目标函数。网络收敛就是指能量函数达到极小值。如果把一个最优化问题的目标函数转换成网络的能量函数，把问题的变量对应于网络的状态，那么 Hopfield 神经网络就能够用于解决许多优化组合问题。

Hopfield 神经网络有离散型和连续型两种，离散型适用于联想记忆，连续型适合处理优化问题。

### 3.5.1　离散型 Hopfield 神经网络

Hopfield 神经网络是全互联反馈神经网络，它的每一个神经元都和其他神经元相连接。

$N$ 阶离散型 Hopfield 神经网络可由一个 $n \times n$ 阶矩阵 $\boldsymbol{W} = [w_{ij}]$ 和一个 $n$ 维向量 $\boldsymbol{\theta} = [\theta_1,\cdots,\theta_n]$ 所唯一确定，记为 $N = (\boldsymbol{W},\boldsymbol{\theta})$，其中，$w_{ij}$ 表示神经元 $i$ 与 $j$ 的连接强度，$\theta_i$ 表示神经元 $i$ 的阈值。若用 $x_i(t)$ 表示 $t$ 时刻神经元所处的状态（可能为 1 或 $-1$），即 $x_i(t) = \pm 1$，那么神经元 $i$ 的状态随时间变化的规律（又称演化律）为

$$x_i(t+1) = \text{sgn}(H_i(t)) = \begin{cases} 1, H_i(t) \geqslant 0 \\ -1, H_i(t) < 0 \end{cases} \quad (3.7)$$

其中，

$$H_i(t) = \sum_{j=1}^{n} w_{ij} x_i(t) - \theta_i \quad (i = 1, 2, \cdots, n) \quad (3.8)$$

离散型 Hopfield 神经网络权值的设计一直围绕着一个问题在求解，即每组训练数据输入网络后，输出和输入完全相等。但是由于激励函数取符号函数 sgn，无法进行求导，严重限制了问题的求解。如果在求取权值的时候，可以利用另一个连续的函数 $f(x)$ 代替 sgn，而且仍能满足 sgn 函数的性质，那么对于权值的求解就变得简单很多。通过比较线性函数、tan 函数、sin 函数和 sgn 函数的区别，替换 sgn 函数，通过梯度下降求取权值。

离散型 Hopfield 神经网络是反馈型神经网络，其状态由 $n$ 个神经元的状态集构成，也就是 $t$ 时刻的网络状态会成为 $t+1$ 时刻网络状态的输入，直到网络状态不再变化为止，此时的网络状态作为网络原始输入的结果。在网络状态变化的过程中有同步和异步之分，但可以证明的是，无论是同步还是异步，每次网络状态变化，网络的能量值都会变得更小，等到网络状态不再变化的时候，说明能量函数已经降到极小值。

Hopfield 神经网络是一个多输入、多输出和带阈值的二态非线性动力系统，因此存在一种所谓的能量函数。在满足一定参数条件下，该能量函数值在网络运行过程中不断降低，最后趋于稳定的平衡状态。Hopfield 神经网络引入这种能量函数作为网络计算求解的工具，因此常常称它为计算能量函数。

离散型 Hopfield 神经网络的计算能量函数定义为

$$E = -\frac{1}{2} \sum_{i=1}^{N} \sum_{\substack{j=1 \\ j \neq i}}^{N} \omega_{ij} x_i x_j + \sum_{i=1}^{N} \theta_i x_i \quad (3.9)$$

式中，$x_i$、$x_j$ 是各个神经元的输出。第 $m$ 个神经元的输出变化时，即 $x_m = 0$ 或 $x_m = 1$ 时，会带动能量函数 $E$ 的变化。

## 3.5.2 连续型 Hopfield 神经网络

### 1. 网络模型

Hopfield 神经网络可以推广到输入和输出都取连续数值的情形。这时，网络的基本结构不变，状态方程形式上也相同。若定义网络中第 $j$ 个神经元 $N_j$ 的总输入为 $u_j$，输出状态为 $\nu_j$，则网络的状态转移方程可写为

$$\nu_i = g(u_i) = g(\sum_j w_{ij} x_j - \theta_i) \quad (3.10)$$

式中，神经元的转移特性函数 $g$ 为 S 型函数。

两个函数的共同特点是，当 $x \to +\infty$ 及 $x \to -\infty$ 时，函数值饱和于两极，从而限制了神经网络中状态 $\nu_i$ 及流动信息 $u_i$ 的增长范围。

在网络的整个运行过程中，所有节点状态的演变都具有三种形式：异步更新、同步更新和连续更新。对比离散型 Hopfield 神经网络，连续更新是一种新的方式，表示网络中所有节点都随时间连续并行更新，就像用电子元件实现的 Hopfield 神经网络节点状态

随电路参量不断改变一样，通过下面将要讲到的网络模型及运行方程可以很清楚地理解这一点。还有一点需要说明，离散型 Hopfield 神经网络中状态改变就意味着网络输出在"1"与"−1"之间翻转，而这里却是网络状态 1 在一定范围内的连续变化。

### 2. 网络物理实现结构

电子电路与 Hopfield 神经网络直接对应，利用运算放大器模拟神经元的转移特性函数，连接电阻决定各种神经元之间的连接强度，电容 $c_j$ 及电阻 $\rho_j$ 用来模拟生物神经元的输出时间常数。

按基尔霍夫电流定律有下列方程。

$$c_j \frac{\mathrm{d}u_j}{\mathrm{d}t} + \frac{u_j}{\rho_j} = \sum \frac{1}{R_{ij}} (\nu_i - u_j) + I_j \tag{3.11}$$

令

$$T_{ij} = R_{ij} \tag{3.12}$$

$$\frac{1}{R_j} = \frac{1}{\rho_j} + \sum_i \frac{1}{R_{ij}} \tag{3.13}$$

对式(3.11)进行移项及合并，得

$$c_j \frac{\mathrm{d}u_j}{\mathrm{d}t} = \sum_i T_{ij}\nu_i - \frac{u_j}{R_j} + I_j \tag{3.14}$$

式(3.10)与(3.14)结合在一起就能较好地描述连续型 Hopfield 神经网络的动态过程。微分方程式(3.14)反映了网络状态连续更新的意义。随着时间的流逝，网络逐渐趋于定态，可以在输出端得到稳定的输出。网络的稳定性同样可以用能量函数的概念加以说明。

### 3. 网络运行的收敛性

对于式(3.10)及(3.14)描述的网络，可以定义系统的能量函数为

$$E = -\frac{1}{2} \sum_{i=1}^{N} \sum_{i=1}^{N} T_{ij}\nu_i\nu_j - \sum_{i=1}^{n} \nu_i I_i + \sum_{i=1}^{n} \frac{1}{R_i} \int_{1}^{\nu_i} g^{-1}(\nu) \mathrm{d}\nu \tag{3.15}$$

对于该能量函数，有如下定理。

假设神经元转移特性函数 $g$ 具有反函数 $g^{-1}$，且 $g^{-1}$ 是单调、连续且递增的，同时网络结构对称：$T_{ij} = T_{ji}$，$T_{ii} = 0, i, j \in \{1, 2, \cdots, n\}$，那么描述的网络是稳定的。

能量分布也可用能量曲面来进行理解。要注意，能量分布曲面与吸引子分布应存在对应关系，即吸引子对应着能量曲面的极小区域。

若网络的结构不对称，则无法保证网络的稳定性。这时，在网络的运行过程中可能出现极限环或混沌状态。

## 3.6 随机神经网络

前面讨论的两种网络都为确定性的网络，组成它们的神经元均为确定性的，即给定神经元的输入后，其输出就是确定的。但在生物神经元中，由于有各种各样的干扰，这实际上是很难实现的。同时人工神经元的硬件实现也会有各种扰动，从而带来某些不确定性，因此讨论随机神经元显得

【随机神经网络】

必要且必须。下面讨论模拟退火（Simulated Annealing，SA）算法和玻尔兹曼机（Boltzmann Machine，BM）。

### 3.6.1　模拟退火算法

【模拟退火
算法】

　　1953 年，米特罗波利斯（N. Metropolies）等最先提出了模拟退火算法，其基本思想是把某类优化问题的求解过程与统计热力学中的热平衡问题进行对比，试图通过模拟高温物体退火过程的方法，来找到优化问题的全局最优或近似全局最优解。

　　一个物体（如金属）的退火过程大体上是这样的，首先对该物体加热（熔化），那么物体内的原子就可高速自由运行，处于较高的能量状态。但是作为一个实际的物理系统，原子的运行总是保持最低的能态。刚开始温度较高时，高温使系统具有较高的内能，而随着温度的下降，原子越来越趋向于低能态，最后整个物体形成最低能量的基态。

　　在物体降温降火的过程中，其能量转移概率分布可从下面的玻尔兹曼分布规律得出。

$$P(E) \propto \exp(-E/kT) \tag{3.16}$$

　　式中，$P(E)$ 是系统处于低能 $E$ 时的概率；k 为玻耳兹曼常数；$T$ 为系统温度。在神经网络的模拟过程中，注重的是基本概念与过程，而不是定量关系。为方便起见，在以后的分析过程中把 k 算入 $T$。

　　当温度 $T$ 很高时，概率分布对一定范围内的能量 $E$ 并没有显著差异，即物体处于高能状态与低能状态的可能性相差不大。但是，随着温度 $T$ 的降低，物体处于高能状态的可能性就逐渐降低，最后当温度下降到充分低时，物体即以概率 $P$ 稳定在低能状态。对于优化问题，调节参量以使目标函数（对应于物体低能）下降，同时对应一种假想温度（对应于物体低能）确定物体处于某一能量状态概率，表征系统的活动状况。开始允许随着参数的调整，目标函数偶尔向增加的方向发展（对应于能量有时上升），以利于跳出局部极小区域。随着假想温度的下降（对应于物体的退火），系统活动性降低，最终以概率 $P$ 稳定在全局最小区域。

　　下面结合一个抽象化的组合优化问题来说明模拟退火算法。设 $V=\{V_1,V_2,\cdots,V_p\}$ 为所有可能的组合状态构成的集合。试在其中找出对某一目标函数 $C,C(V_i) \geqslant 0, i \in \{1,2,\cdots,P\}$，具有最小代价的解，及找出 $V^* \in V$，使 $C(V^*)=\min C(V_i), i \in \{1,2,\cdots,P\}$。为解决最优化问题，引用人工温度 $T$。求解本问题的算法为模拟退火算法。

　　模拟退火算法来源于固体退火原理，它是一种基于概率的算法。将固体加热至充分高的温度，再让其徐徐冷却。加温时，固体内部粒子随温度上升变为无序状，内能增大；而徐徐冷却时，粒子渐趋有序，在每个温度都达到平衡态，最后在常温时达到基态，内能减为最小。

　　模拟退火算法是基于 Monte-Carlo 迭代求解策略的一种随机寻优算法，其出发点是基于物理中固体物质的退火过程与一般组合优化问题之间的相似性。模拟退火算法从某一较高初温出发，伴随温度参数的不断下降，结合概率突跳特性在解空间中随机寻找目标函数的全局最优解，即在局部最优解能概率性地跳出并最终趋于全局最优。模拟退火算法是一种通用的优化算法，理论上算法具有概率的全局优化性能，目前已在工程中得到了广泛应用，如超大规模集成电路、生产调度、控制工程、机器学习、神经网络、信号处理等领域。

模拟退火算法是通过赋予搜索过程一种时变且最终趋于零的概率突跳性，从而可有效避免陷入局部极小并最终趋于全局最优的串行结构的优化算法。

模拟退火算法可以分解为解空间、目标函数和初始解三部分。

模拟退火算法的一般流程如下。

（1）初始化：初始温度 $T$（充分高），初始解状态 $S$（算法迭代的起点），每个 $T$ 值的迭代次数 $L$。

（2）对 $k=1,\cdots,L$ 依次进行步骤（3）～（6）。

（3）产生新解 $S'$。

（4）计算增量 $\Delta T=C(S')-C(S)$，其中 $C(S)$ 为评价函数。

（5）若 $\Delta T<0$ 则接受 $S'$ 作为新的当前解，否则以概率 $e^{(-\Delta T/T)}$ 接受 $S'$ 作为新的当前解。

（6）如果满足终止条件则输出当前解作为最优解，结束程序。终止条件通常取为连续若干个新解都没有被接受时终止算法。

（7）$T$ 逐渐降低，且 $T\rightarrow 0$，然后转至步骤（2）。

模拟退火算法新解的产生和接受可分为以下四个步骤。

（1）由一个产生函数从当前解产生一个位于解空间的新解，为便于后续的计算和接受。为了减少算法耗时，通常选择由当前新解经过简单地变换即可产生新解的方法，如对构成新解的全部或部分元素进行置换、互换等。产生新解的变换方法决定了当前新解的邻域结构，因而对冷却进度表的选取具有一定的影响。

（2）计算与新解所对应的目标函数差。因为目标函数差仅由变换部分产生，所以目标函数差的计算最好按增量计算。事实表明，对大多数应用而言，这是计算目标函数差的最快方法。

（3）判断新解是否被接受，判断的依据是一个接受准则。最常用的接受准则是 Metropolis 准则：若 $\Delta T<0$ 则接受 $S'$ 作为新的当前解 $S$；否则以概率 $e^{(-\Delta T/T)}$ 接受 $S'$ 作为新的当前解 $S$。

（4）当新解被确定接受时，用新解代替当前解，这只需要将当前解中对应于产生新解时的部分予以变换，同时修正目标函数值。此时，当前解实现了一次迭代，在此基础上开始下一轮试验。当新解被判定为舍弃时，则在原当前解的基础上继续下一轮试验。

模拟退火算法与初始值无关，算法求得的解与初始解状态 $S$（算法迭代的起点）无关。模拟退火算法具有渐近收敛性，已在理论上被证明是一种以概率 1 收敛于全局最优解的全局优化算法。模拟退火算法具有并行性。

## 3.6.2 玻尔兹曼机

### 1. 网络结构

玻尔兹曼机是由辛顿等于 1984 年提出的，其一般拓扑结构由输入层（节点数为 $n$，为输入元素的扇出)、隐层 (节点数为 $q$) 及输出层 (节点数为 $m$) 组成。设 $x_i$ 为神经元 $i$ 的输出,则网络的状态变量可表示为 $x=(x_1,x_2,\cdots,x_n)^T$,设网络的连接权值为 $w_{ij}$,各神经元的阈值为 $\{\theta_i\}$,则神经元 $i$ 的净输入为 $\mathbf{net}_i=\sum\limits_{j\neq i}^{n}\mathrm{W}_{ij}x_j-\theta_i$,此时神经元 $i$ 为 1 或 0 的概率如下。

$$P(x_i(t+1)=1)=1/(1+\exp(-\mathbf{net}_i(t)/T)) \tag{3.17}$$

$$P(x_i(t+1)=0)=1/(1+\exp(\mathbf{net}_i(t)/T)) \tag{3.18}$$

当网络温度 $T{\to}0$ 时,玻尔兹曼机神经元退化为离散型 Hopfield 神经元。玻尔兹曼机网络也有同步和异步运行方式,对于异步串行的玻尔兹曼机网络,由于它的运行过程等价于相应状态能量函数的模拟退火过程,所以如果温度下降得足够慢,网络最终将收敛到能量函数的最小值,这也正是玻尔兹曼机网络可用于组合优化问题的原理。已经证明,对于全并行的网络,即使网络温度趋于 0 它也可能不收敛。如果是部分并行不太高,网络温度趋于 0,则网络的大多数都收敛。

玻尔兹曼机网络是异联想式匹配器,能够存储任意二进制模式对集合 $\{(A^1,C^1),(A^2,C^2),\cdots,(A^k,C^k)\}$,其中,$A^k=(a_1^k,a_2^k,\cdots,a_n^k)^T$,$C^k=(c_1^k,c_2^k,\cdots,c_m^k)^T$,而 $A^k\in\{0,1\}^n$,$C^k\in\{0,1\}^m$。

玻尔兹曼机拓扑结构与一般两层前馈神经网络相似,其运行过程也与 BP 感知机类似。两种网络的主要区别是在学习过程上。尽管两种网络的学习方法都属于有监督学习的范畴,但 BP 感知机是利用反向误差传播来使输出误差沿梯度方向下降,而玻尔兹曼机借助统计物理学的方法,采用模拟退火过程来模拟外界环境。玻尔兹曼机与 BP 感知机在网络结构、数据表示及状态转换三个方面存在主要差异。

(1) 玻尔兹曼机由输入层节点到隐层节点的连接权值是对称的,即 $w_{ij}^1=w_{ji}^1$。同样,从隐层节点到输入层节点的连接权值也是对称的,即 $w_{ij}^2=w_{ji}^2$。一般的 BP 感知机无此要求。同时,BP 网络为前馈神经网络,输入层节点的输出值不受隐层及输出层节点的输出影响,但玻尔兹曼机则相互作用。

(2) 玻尔兹曼机的输入、输出及隐层状态都为二进制 $\{0,1\}$,一般 BP 感知机为连续型输入及输出。

(3) 在网络的学习过程中,玻尔兹曼机节点状态的转移是按照某种概率进行的。若定义节点 $\nu_i$ 的状态由 $\nu_i=0$ 变到 $\nu_i=1$ 时,全局变化的能量为

$$\Delta E_i=E(\nu_i=1)-E(\nu_i=0) \tag{3.19}$$

由此可见,当 $\Delta E_i>0$ 时,网络停留于 0 状态的可能性较大。当温度较高时,网络较为活跃,但状态趋于 0 及 1 的可能性差别不大。随着温度下降,$\nu_i$ 停留在 0 状态的可能性逐步增加。当温度 $T$ 趋于 0 时,状态转移函数趋向接近于阶跃函数。

状态转移函数与 BP 感知机所使用的节点转移特性形状相似,但其意义不同。玻尔兹曼机按照概率曲线的能量分布进行状态的转移,转移是按概率的意义进行的。而 BP 感知机是利用 S 型函数对该节点的输入加权进行变换的,是具有确定性的。

2. 学习算法

结合模拟退火算法可给出玻尔兹曼机的一种训练算法,该算法试图把反映网络输入

层、隐层和输出层之间的状态差异的熵测度降至最小。假设向量模式集合为$\{(X^1,Y^1),$
$(X^2,Y^2),\cdots,(X^p,Y^p)\}$，玻尔兹曼机学习算法的步骤如下。

（1）随机设定网络的初始连接权值 $w_{ij}(0)$ 及初始温度。

（2）按照已知概率 $p(v_a)$ 依次给定训练样本，在训练样本的约束下按照模拟退火算法运行网络直到平衡状态，统计出各个 $p_{ij}^+$，在无约束条件下按同样的步骤运行网络相同的次数，统计出各个 $p_{ij}^-$。

（3）根据 $w_{ij}(k+1)=w_{ij}(k)+\Delta w_{ij}$ 修改每个权值 $w_{ij}(k+1)$。

（4）重复上面的步骤，直到 $p_{ij}^+-p_{ij}^-$ 小于某个预设的容限。

玻尔兹曼机的学习规则只用局部可用的信息。权值的改变仅与相互连接的两个单元有关，并且每个权值的最优值依赖于其他所有的权值。学习算法中有许多自由参数和变量，其中 $\varepsilon$ 决定梯度下降中每一步的大小，对估计 $p_{ij}^+$ 和 $p_{ij}^-$ 所用的时间对学习过程有重要的影响。实际系统在估计 $p_{ij}^+$ 和 $p_{ij}^-$ 的过程中必然存在一些噪声。可以用一个小的 $\varepsilon$ 值，或用更长的时间计算期望值，减小噪声对估计的影响。玻尔兹曼机的学习目的是使模型的概率分布等于训练样本集的概率分布，来得到网络的连接权值。采用上面介绍的学习过程需要计算许多梯度值，但是由于模型太复杂，包含大量的变量，难以计算出这些梯度值，因此常用采样方法来近似计算期望值。

玻尔兹曼机的整个学习时间是相当长的。玻尔兹曼机的训练过程体现了模拟退火的基本思想。实际上玻尔兹曼机也可看成一种外界概率分布的模拟机，模拟机从有限的输入和输出中推测外界概率结构。

玻尔兹曼机的学习算法可以分解为两个阶段，即正向学习阶段与反向学习阶段。

在正向学习阶段，对网络环境节点（即输入层节点与输出层节点）加上固定信息 $A^k$ 及 $C^k$，$k\in\{1,2,\cdots,p\}$，而让隐层节点自由动作。退火完毕后，记录相连的环境节点与隐层节点同时为状态 1 的概率 $Q_{hi}$ 和 $R_{ij}$，且让环境节点与隐层节点之间的连接权值随此概率以一定的比例增长，即

$$\Delta w_{hi}^1=\alpha Q_{hi}$$
$$\Delta w_{ij}^2=\alpha R_{ij}$$

$$(3.20)$$

至于反向学习阶段，只是把输入层加上固定信息 $A^k$，让隐层及输出层自由动作。退火完毕后，记录相连的环境节点与隐层节点同时为状态 1 的概率 $Q_{hi}'$ 和 $R_{ij}'$，然后让其连接权值与此概率以一定的比例减少，即

$$\Delta w_{hi}^1=-\alpha Q_{hi}'$$
$$\Delta w_{ij}^2=-\alpha R_{ij}'$$

$$(3.21)$$

组合式（3.20）就可以得到式（3.21）。其实，在实际退火过程中，正、反向学习一直是交叉进行的。也就是说，直到正向学习与反向学习达到足够的平衡（即 $\Delta w_{hi}^1$ 及 $\Delta w_{ij}^2$ 足够小）时，认为网络已经基本上适应了环境。

实际上，还有其他方法可用来确定连接权值的修改幅度。有一种在当前温度下取高斯分布来确定权值变化的方法。

$$P(W)=\exp(-W^2/T^2)$$

$$(3.22)$$

式中，$W$ 可由蒙特卡罗法得到。

## 3.7 深度学习

【什么是
深度学习】

深度学习（Deep Learning）是机器学习研究中的一个新领域，其核心思想在于模拟人脑的层次抽象结构，通过无监督的方式分析大规模数据，发掘大数据中蕴藏的有价值信息。深度学习应大数据而生，给大数据提供了一个深度思考的大脑。深度学习就是堆叠多层，把这一层的输出作为下一层的输入。通过这种方式，就可以实现对输入信息进行分级表达。

### 3.7.1 人脑视觉机理

【大脑"视觉
感知"新机制】

长期以来，人们对人脑视觉系统进行不断地研究。1981 年的诺贝尔生理学或医学奖颁发给了休贝尔（D. H. Hubel）、威塞尔（T. N. Wiesel）及斯佩里（R. W. Sperry）。前两位的主要贡献是发现了"视觉系统的信息处理"，他们发现可视皮质是分级的，如图 3.6 所示。该分级过程为，从低层的 $V_1$ 区提取边缘特征，到 $V_2$ 区的形状或目标的部分等，再到更高层，整个目标、目标的行为等。

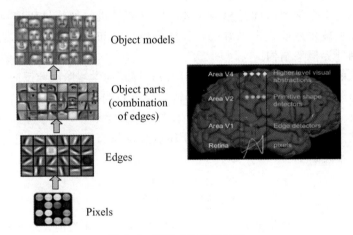

图 3.6 可视皮质分级处理

### 3.7.2 自编码器

自编码器（Auto Encoder，AE）是一类在半监督学习和非监督学习中使用的人工神经网络，其功能是通过将输入信息作为学习目标，对输入信息进行表征学习（Representation Learning）。它是只有一层隐节点，输入和输出具有相同节点数的神经网络，其模型如图 3.7 所示。自编码器的目的是尽可能地复现输入信号，即求函数 $h_{w,b}(x) \approx x$，也就是希望神经网络的输出等于输入。

自编码器包含编码器（Encoder）和解码器（Decoder）两部分。按学习范式，自编码器可以分为收缩自编码器（Undercomplete Auto Encoder，UAE）、正则自编码器（Regularized Auto Encoder，RAE）和变分自编码器（Variational Auto Encoder，VAE），前

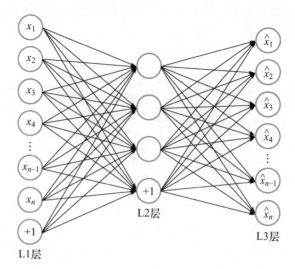

【自编码器】

图 3.7 自编码器模型

两者是判别模型，后者是生成模型。按构筑类型，自编码器可以是前馈结构或递归结构的神经网络。

自编码器具有一般意义上表征学习算法的功能，被应用于降维（Dimensionality Reduction）和异常值检测（Anomaly Detection）。包含卷积层构筑的自编码器可被应用于计算机视觉问题，包括图像降噪（Image Denoising）、神经风格迁移（Neural Style Transfer）等。

自编码器在其研究早期是为解决表征学习中的"编码器问题"（Encoder Problem），即基于神经网络的降维问题。1985 年，阿克利（D. H. Ackley）、辛顿和谢诺夫斯基（T. J. Sejnowski）在玻尔兹曼机上对自编码器算法进行了首次尝试，并通过模型权重对其表征学习能力进行了讨论。1986 年，BP 算法被正式提出后，自编码器算法就被作为 BP 算法的实现之一，并在 1987 年被埃尔曼（J. L. Elman）和兹普瑟（D. Zipser）用于语音数据的表征学习试验。

自编码器是一个输入信息和学习目标相同的神经网络，给定输入空间 $X \in \chi$ 和特征空间 $h \in F$，求解两者的映射 $f$、$g$ 使输入特征的重建误差达到最小。求解完成后，由编码器输出隐层特征 $h$，可视为输入数据 $X$ 的表征。

### 3.7.3 受限玻尔兹曼机

受限玻尔兹曼机（Restricted Boltzman Machine，RBM）是一个单层的随机神经网络（通常不把输入层计算在神经网络的层数里），其结构如图 3.8 所示，本质上是一个概率图模型。从图中可以看出，输入层与隐层之间是全连接，但层内神经元之间没有相互连接。每个神经元要么被激活（值为 1），要么不被激活（值为 0），激活的概率满足 S 型函数。

RBM 的优点是，当给定一层时，另外一层是相互独立的，这样一来进行随机采样就比较方便，因为可以分别固定一层，采样另一层，交替进行。权值的每一次更新理论上需要所有神经元都采样无穷多次以后才能进行，即所谓的对比散度（Contrastive Divergence，CD）算法，但这样计算太慢，于是辛顿等提出了一种近似方法，只采样 $n$ 次后就更新一次权值，即所谓的 CD-n 算法。

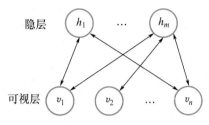

图 3.8　RBM 的结构

如果一个 RBM 包含 $n$ 个可视单元和 $m$ 个隐单元，用向量 $v$ 和 $h$ 分别表示可视单元和隐单元的状态。其中，$v_i$ 表示第 $i$ 个可视单元的状态，$h_j$ 表示第 $j$ 个隐单元的状态，那么，对于一组给定的状态 $v$、$h$，RBM 作为一个系统所具备的能量定义为

$$E(v,h) = -\sum_{i=1}^{n}\sum_{j=1}^{m} v_i w_{ij} h_j - \sum_{i=1}^{n} v_i b_i - \sum_{j=1}^{m} h_j c_j \qquad (3.23)$$

式中，$w_{ij}$、$b_i$、$c_j$ 均为 RBM 的参数，且均为实数。其中 $w_{ij}$ 表示可视单元 $i$ 与隐单元 $j$ 之间的连接强度，$b_i$ 表示可视单元 $i$ 的偏置，$c_j$ 表示隐单元 $j$ 的偏置。RBM 的学习任务就是求出这些参数的值，以拟合给定的训练数据。

假设 RBM 处于常温 $T=1$，故可以省略温度变量 $T$。基于以上定义，可以很容易算出给定某层单元状态式和另一层单元状态的条件分布。

由于在 RBM 中，同层单元之间互不相连，因此，给定某层单元状态时，另一层单元之间的状态条件分布相互独立。这也就意味着，如果想在 RBM 的分布上进行马尔可夫链蒙特卡罗（Markov Chain Monte Carlo，MCMC）采样，那么可以使用块状吉布斯采样（Gibbs Simpling）算法。也就是从某一初始状态 $v$、$h$ 出发，轮流使用 $p(\cdot\,|\,h)$ 和 $p(\cdot\,|\,v)$ 分别对所有可视单元和所有隐单元的状态进行转移。这一点也体现了 RBM 在采样方面的效率优势。

RBM 可通过极大似然法则进行无监督学习，假如有训练数据 $v^{(1)}$，$v^{(2)}$，…，$v^{(d)}$，那么，RBM 的目标等同于最大化目标函数，这里省略了偏置参数。

为了用梯度上升算法进行训练，需先求出该目标函数对各个参数的偏导，经过代数变换后，得出最终的结果。

$$\frac{\partial L(W)}{\partial w_{ij}} \propto \frac{1}{d}\sum_{k=1}^{d} v_i^k p(h_j\,|\,v^{(k)}) - (v_i h_j)_{p(v,h;W)} \qquad (3.24)$$

式（3.24）可以减号为界分为前后两部分，分别称为正相位和负相位。对于减号前面的部分，可以遍历整个训练数据，并利用式（3.24）直接算出。对于减号后面的部分，$<f(x)>_{p(x)}$ 定义为函数 $f(x)$ 在分布 $p(\cdot)$ 上的均值，在 RBM 中，这个均值是无法通过数学推导得出解析式的，这便是 RBM 训练的主要困难所在。

很显然，为了求得负相位中的均值，最简单的方法是通过 MCMC 进行大量采样，并用样本对这个均值进行估计。然而，每次执行 MCMC 采样，都需要进行足够次数的状态转移，以保证采集的样本符合目标分布，并且需要采集大量的样本才能足够精确地逼近该均值。这些需求极大地加重了 RBM 训练的计算复杂性。因此，这种方法虽然理论上可行，但是从效率上看是不可取的。

考虑让 MCMC 采样的状态以训练数据作为起点，可使用 CD-n 算法。在 CD-n 算法中，负相位的均值计算过程为：分别以各个训练数据作为初始状态，经过少数几次吉布斯采样状态转移，然后以转移后的状态作为样本，估算该均值。在实际应用中，只需要一次状态转移就能保证良好的学习效果。

CD-n 算法大大地加速了 RBM 的训练过程，这为近年来 RBM 的流行以及深度神经网络的兴起都做出了不可磨灭的贡献。不过，对于常规的极大似然学习，其学习过程等同于最小化 RBM 分布与训练数据分布之间的 KL 距离。在 CD-n 算法的学习中，这个规则是不成立的。因此，CD-n 算法本质上并非一个极大似然学习，经过 CD-n 算法得到的 RBM 模型，往往具备较差的模式生成能力。

## 3.7.4 深度信念网络

深度信念网络（Deep Belief Nets，DBN）是辛顿于 2006 年提出的，它是一种生成模型。通过训练其神经元之间的权重，可以让整个神经网络按照最大概率来生成训练数据。一个深度信念网络模型可被视为若干个 RBM 堆叠在一起，这样在训练时，就可以通过由低到高逐层训练这些 RBM 来实现。由于 RBM 可以通过 CD-n 算法进行快速训练，因此，这一框架绕过

【深度信念网络】

了直接从整体上训练深度信念网络的高度复杂性问题，而将其化简为对多个 RBM 的训练问题。经过这种方式进行训练后，可以再通过传统的全局学习算法（如 BP 算法、Wake-Sleep 算法）对网络进行微调，从而使模型收敛到一个局部最优点上。这种学习算法，本质上等同于先通过逐层 RBM 训练将模型的参数初始化为一个较优的值，然后再通过少量的传统学习算法进一步训练。这样，一方面可以解决模型训练慢的问题；另一方面，大量实验也证明，这种学习算法能够产生非常好的参数初始化值，从而也提升了最终参数值的质量。

2008 年，蒂勒曼（T. Tieleman）提出了一种名为持续对比散度（Persistent Contrastive Divergence，PCD）的学习算法，改进了 CD-n 算法无法极大化似然度的缺陷，而效率可以和 CD-n 算法相媲美，同时又不破坏原始目标函数。之后蒂勒曼在 PCD 算法的基础上进一步改进，提出了利用一组额外的参数来提升 PCD 的训练效果，揭示了 MCMC 采样对 RBM 学习效果的影响，为其后的 RBM 改进学习算法奠定了基础。基于蒂勒曼的研究成果，在 2009—2010 年，出现了一系列使用基于模拟退火算法的 MCMC 采样算法。

## 3.8 自组织神经网络

自组织神经网络是通过自动寻找样本中的内在规律和本质属性，自组织、自适应地改变网络参数与结构。多层感知机的学习和分类是以已知一定的先验知识为条件，即网络权值的调整是在监督情况下进行的。而在实际应用中，有时并不能提供所需的先验知

识，这就需要网络具有能够自学习的能力。由科霍南（T. Kohonen）提出的自组织特征映射网络就是这种具有自学习功能的神经网络，这种神经网络是基于生理学和脑科学研究成果提出的。

### 3.8.1　自组织特征映射网络模型

自组织特征映射网络（Self-Organizing Feature Maps，SOM）也称 Kohonen 网络。网络上层为输出节点，按某种形式排成了一个领域结构。对输出层中的每个神经元，规定它的邻域结构，即哪些节点在它的邻域内，它在哪些节点的邻域内。输入节点处于下方，若输入向量有 $n$ 个元素，则输入端有 $n$ 个节点。所有输入节点到所有输出节点都有权值连接，而输出节点相互之间也有可能是局部连接的。自组织特征映射网络模型如图 3.9 所示。网络的功能就是通过自组织方法用大量的样本训练数据来调整权值，使得网络的输出能够反映样本数据的分布情况。SOM 可以用于样本排序、样本分类及样本特征检测等。

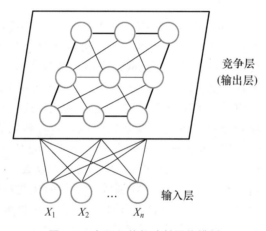

图 3.9　自组织特征映射网络模型

### 3.8.2　网络自组织算法模型

网络训练的过程就是某个输出节点能对某一类模式做出特别的反应以代表该模式类。与一般的训练方法不同的是，这里规定了二维平面上相邻的节点对实际模式分布中相近的模式类做出特别的反应。这样，当某类数据模式输入时，就会对其某一输出节点给予最大的刺激。当输入模式从一个模式区域移到相邻的模式区域时，二维平面上的获胜节点也从原来的节点移到其相邻的节点。因此，从 Kohonen 网络的输出状况不仅能判断输入模式所属的类别并使输出节点代表某一类模式，还能够得到整个数据区域的大体分布情况，即从样本数据中抓到所有数据分布的大体本质特征。

为了能使二维输出平面上相邻的输出节点对相近的输入模式类别做出特别反应，就在训练过程中定义获胜节点的邻域节点。假设本次获胜节点为 $i^*$，节点 $i^*$ 在 $t$ 时刻的邻域节点用 $N_i^*$ 表示，它包含以节点 $i^*$ 为中心，距离不超过某一半径的所有节点。在训练的初始阶段，不仅要对获胜节点进行权值调整，还要对其较大范围内的几何邻近节点做相应的调整。随着训练过程的进行，与输出节点相连的权向量也越来越接近其代表的模式类。这时，对获胜节点进行较细微的权值调整时，只对其几何邻域较近的节点进行相应的调整。到了最后，只对获胜节点本身进行细微的权值调整。在训练过程结束后，几何上邻近的输出节点所连接的权向量既有联系又有区别，这保证了对于某一类输入模式，获胜节点能做出最大的反应，而相邻节点能做出较小的反应。

Kohonen 网络训练算法的工作机理为：在网络学习过程中，当样本输入网络时，竞争层上的神经元计算输入样本与竞争层神经元权值之间的欧几里得距离，若距离最小，则神经元为获胜神经元；调整获胜神经元和相邻神经元权值，使获胜神经元及权值靠近该输入样本；通过反复训练，最终各神经元的连接权值具有一定的分布，该分布把数据之间的相似性组织到代表各类的神经元上，使同类神经元具有相近的权系数，而使不同类的神经元权系数具有明显的差别。需要注意的是，在学习过程中，权值修改的学习速率和神经元邻域均在不断减少，这使得同类神经元逐渐集中。

Kohonen 网络训练算法的一般流程如下。

(1) 权连接初始化。对所有从输入节点到输出节点的连接权值赋予随机的数，令时间计数为零。

(2) 对于网络输入模式，计算输入与全部输出节点所连权向量的距离。

(3) 具有最小距离的节点竞争获胜。

(4) 调整输出节点所连接的权向量及几何邻域内的节点所连的权值。

(5) 若还有输入样本数据，则时间计数加 1，转至步骤 (2)。

### 3.8.3　监督学习

Kohonen 网络也可以用监督学习方法构建。在这种情况下，每一学习模式 $x(k)$ 归属的类别是已知的。当输入的模式提供给网络后，选择获胜神经元 $i^*$。如果获胜神经元 $i^*$ 是 $x(k)$ 的恰当分类，则将该神经元对应的连接权值矢量向 $x(k)$ 靠拢的方向调整，其调整方程如下。

$$\Delta W_{i,j} = \begin{cases} \eta(t)(x_j^k - w_{ij}^*), i^* \text{ 为恰当分类} \\ -\eta(t)(x_j^k - w_{ij}^*), i^* \text{ 为不恰当分类} \end{cases} \tag{3.25}$$

监督学习可以缩短学习时间，同时也能提高分类精度。

Kohonen 网络在机器视觉、机械控制、语音识别、向量量化及组合优化领域内都得到了应用，具有潜在的应用前景。例如，关于机器视觉问题，可将 Kohonen 网络的输出节点构成三维立体数组，把机械手相对于空间某一点的角度作为网络的输入参量，使网络的三维立体输出状况反映机械手在某一空间的状态。于是，可以利用这些状态训练网络，使网络的三维立体输出状况反映该机械手的有效动作，如回避障碍物等。

# 本章小结

神经网络是一种模仿动物神经网络行为特征，进行分布式并行信息处理的算法数学模型。经过训练的神经网络结构是通过学习而构建的。神经网络的智能并不要求世界被重构为一种明确的符号模型。相反，神经网络是通过与世界的交互而形成的，是通过经验的、不明确的痕迹而反映出来的。神经网络对理解智能起了极大的作用，同时也为我们提供了一个在智力过程的物理具体化中可以接受的机制模型、一个更可行的学习和发展的理由、一个简单能力的示范，并且为认知神经科学提供了一个强有力的工具。

由于神经网络是分布式表示的，因此它们比那些明确的符号系统更为健壮。一个经过适当训练的神经网络能够有效地识别出新的实例，具有像人一样的相似性感知能力，而不需要严格的逻辑判断。同样，部分神经元的丢失并不会严重地影响整个神经网络的性能，这是因为在网络模型中有大量固有的冗余。

神经网络理论与应用已取得了许多重要进展，从例子学习的能力已经使得它们在建模、时间序列分析、模式识别、信号处理和控制等领域获得成功的应用。基于学习算法的神经网络允许人们在手写体识别中免除对手工特征的提取。由神经网络激发的基于梯度的学习算法允许人们同时训练特征提取器、分类器和背景处理器。

深度学习是机器学习、神经网络研究中的一个新的领域，其核心思想在于模拟人脑的层级抽象结构，通过无监督的方式分析大规模数据，发掘大数据中蕴藏的有价值信息。深度学习应大数据而生，给大数据提供了一个深度思考的"大脑"。近年来，许多拥有大数据的高科技公司相继投入大量资源进行深度学习、技术研发，在语音、图像、自然语言和在线广告等领域取得了显著进展。

# 习　　题

1. 构建一个 M-P 模型，使它能计算逻辑函数蕴含 "→"。

2. 运用 C++语言构建一个感知机网络，并运行分类的例子。

3. Delta-Bar-Delta 学习规则代表反向传播算法的一个修正形式。在这个规则中，网络中的每个突触权值被指定一个自身的学习率参数。代价函数 $E(n)$ 因而以相应的方式被修改，新的代价函数 $E(n)$ 的参数空间包括不同的学习率。请推导偏导数 $\partial E(n) / \partial \eta_{ji}(n)$ 的表达式，其中 $\eta_{ji}(n)$ 为相应于 $W_{ji}(n)$ 的学习率参数。

4. 考虑由两个神经元构成的简单 Hopfield 神经网络，网络的权矩阵如下。

$$W = \begin{bmatrix} 0 & -1 \\ -1 & 0 \end{bmatrix}$$

每个神经元的偏置为 0，网络的四个可能状态如下。

$$x_1 = [+1 \quad +1]^T$$
$$x_2 = [-1 \quad +1]^T$$
$$x_3 = [-1 \quad -1]^T$$
$$x_4 = [+1 \quad -1]^T$$

（1）说明状态 $x_2$ 和 $x_4$ 是稳定的，而状态 $x_1$ 和 $x_3$ 成为极限环。用稳定性条件和能量函数这两个工具来说明。

（2）刻画状态 $x_1$ 和 $x_3$ 的极限环的长度是多少？

5. 什么是深度学习？常见的深度学习方法有哪些？

6. 试给出 Kohonen 网络的自组织特征映射算法的程序流程图。

【第 3 章　在线答题】

# 第4章
## 专家系统

人工智能是目前发展十分迅速的学科，也是当前热门的话题之一。在人工智能的研究领域中，专家系统被视为应用灵活和广泛的细小分支。究竟什么是专家系统？专家系统可以用来干什么？为什么人工智能需要专家系统？什么系统才能算得上是专家系统？专家系统有哪些特点、哪些类型？怎么设计专家系统？为什么不同领域都要建立属于自己的专家系统？这些问题都可以在本章中找到答案。

### 教学目标

》了解人工智能专家系统的结构、特点和类型；
》掌握专家系统的基本概念；
》了解新型专家系统和一些专家系统工具；
》理解专家系统的设计原则、建立方法与评估对策。

### 教学要求

| 知识要点 | 能力要求 | 相关知识 |
|---|---|---|
| 专家系统概述 | （1）掌握专家系统的特点；<br>（2）了解专家系统的类型和发展历史 | 专家系统的特点<br>专家系统的类型<br>专家系统的发展历史 |
| 专家系统的基本结构 | （1）了解专家系统的结构；<br>（2）掌握专家系统结构每一部分的功能 | 知识库、推理机、解释器等 |

续表

| 知识要点 | 能力要求 | 相关知识 |
|---|---|---|
| 专家系统工具 | (1) 了解各种专家系统工具；<br>(2) 掌握专家系统工具的知识表示、开发和运行 | CLIPS<br>JESS<br>OKPS |
| 专家系统的建立 | (1) 了解专家系统的设计原则；<br>(2) 理解专家系统的开发步骤和实现过程；<br>(3) 了解专家系统的评价及改进方案 | 专家系统的设计原则<br>专家系统的开发步骤<br>专家系统的评价方法 |
| 新型专家系统 | (1) 了解新型专家系统的特征和种类；<br>(2) 了解各种新型专家系统的设计和实现 | 分布式专家系统<br>协同式专家系统<br>基于免疫计算的专家系统 |

 思维导图

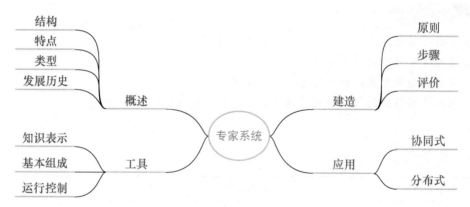

结构
特点
类型
发展历史
概述

知识表示
基本组成
运行控制
工具

专家系统

建造
原则
步骤
评价

应用
协同式
分布式

 **推荐阅读资料**

1. 史忠植. 人工智能 [M]. 北京：机械工业出版社，2016.

2. 蔡自兴，德尔金，龚涛. 高级专家系统：原理、设计及应用 [M]. 2 版. 北京：科学出版社，2014.

3. 王勋，凌云，费玉莲. 人工智能导论 [M]. 北京：科学出版社，2005.

4. 陈卫芹，熊莉媚，孟昭光. 专家系统的解释机制和它的实现 [J]. 太原工业大学学报，1994，25 (03)：69-75.

## 基本概念

专家系统是一种模拟人类专家处理专业问题的计算机程序,其内部包含大量高技术水平的技能知识与经验。专家系统工具即专家系统开发工具,它是人们为高效率开发专家系统而设计开发的一种高级程序系统或高级程序设计型语言,可分为三种类型:骨架型、辅助型和通用型。

**引例**:动物识别专家系统

大千世界无奇不有,花草树木千姿百态,物种类别不胜枚举。对于我们人类来说,大多数都不能做到看到任何一种动物就知道它的名称。为了能够准确地识别动物,就需要经验丰富的专家来帮助解答。

动物识别专家系统是人工智能中一个比较基础且常规的规则演绎系统,是人工智能领域中的一个大模块的特定例子,是集知识表示与推理为一体,以规定准则为基础且对用户提供的事实进行向前、逆向或双向推理而得出结论的一种产生式系统。为此,很多研究人员都开展了有关动物识别系统的研究。动物识别系统界面如图 4.1 所示。

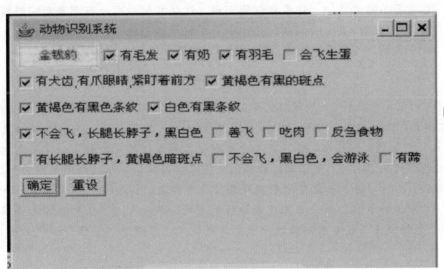

【动物识别系统】

图 4.1  动物识别系统界面

图 4.2 所示是一个动物识别视频分析装置。在活动区域内动物可以自由地活动,在活动区域的上方安装有一个摄像机以观察动物,同时采样数据。当被拍摄的动物活动图像传入分析计算机时,计算机会将影像信号数字化,记录一个或多个动物在一个或多个区域内不同时间的位置、速度、停留时间和运动轨迹等参数。最后,根据研究人员设定的算法分析给出动物的活动报告。

图 4.2　动物识别视频分析装置

## 4.1　专家系统概述

### 4.1.1　专家系统的特点

【专家系统
概述】

一般而言，专家系统具有灵活性、透明性和启发性等特点。专家系统能够源源不断地增加、修改和更新知识，这是其灵活性；专家系统能够解答并处理用户提出的问题，并让用户了解推理过程，这是其透明性；类比于人脑，专家系统也可以进行推理、判断和决策，这是其启发性。

**发现故事 1：专家系统示例**

1965 年，DENDRAL 系统（一种帮助化学家判断某特定物质分子结构的专家系统，采用 LISP 语言编写）由斯坦福大学的两位教授费根鲍姆（E. A. Feigenbaum）和莱德伯格（J. Lederberg）开始研发。从此，将只拘泥于基本技术和方法的理论科学研究引领至解决实际问题的科学研究方向，打破了局限的普遍规律探索而转向知识技能的工程应用，体现出了知识的巨大力量，将人工智能的研究提高了一个档次。1977 年，在关幼波先生的经验依托之下，中国科学院自动化研究所成功研制了我国第一个"中医肝病诊治专家系统"，该系统是集聚中医领域专家知识的一项计算机技术，可谓是"复活"古代名医，造福现代患者。

专家系统突出的是知识而不是算法。许多问题没有基于某种算法就能解决的方案，或者方案过于复杂，又或者步骤过于烦琐，采用专家系统可以有效地利用人类专家具有的渊博知识，来解决这些问题。因此换种方式来说，专家系统也可以称为基于知识而存在的系统。一般来说，一个专家系统应该具备以下三个要素。

（1）拥有某种应用领域的专家级别的知识。

（2）可以达到专家级的解题水平。

（3）模拟专家的思维进行操作和运用。

专家系统的特征使得专家系统有别于传统的计算机程序和人类专家。表 4-1 给出了传统计算机程序、人类专家和专家系统的对比。

表 4-1 传统计算机程序、人类专家和专家系统的对比

| 指 标 | 传统计算机程序 | 人类专家 | 专家系统 |
|---|---|---|---|
| 处理对象 | 数字 | 实例 | 符号 |
| 处理方式 | 批处理 | 模拟 | 交互式 |
| 处理方法 | 算法 | 经验法 | 启发式 |
| 系统结构 | 数据和控制集成 | 知识可编译 | 知识和控制分离 |
| 适用范围 | 无限制 | 狭窄领域 | 封闭世界假设 |
| 优缺点 | 当数据不完整时，要么无能为力，要么执行出错 | 通过不断地学习实践，可以提高解决问题的能力，但过程缓慢、低效且代价高 | 允许不精确的推理，能处理不完整、不确定和模糊的数据 |

## 4.1.2　专家系统的类型

根据专家系统的知识表示技术可以将其划分为基于逻辑的专家系统、基于规则的专家系统、基于语义网络的专家系统、基于框架的专家系统和基于互联网的专家系统等。

根据专家系统的任务类型可以将其划分为诊断型专家系统、解释型专家系统、规划型专家系统、预测型专家系统、教学型专家系统、设计型专家系统和监视型专家系统等。

由于专家系统是由知识"堆砌"的系统，因此，可以用公式"专家系统＝知识库＋推理机"来形象地概括专家系统的构成。

搭建一个专家系统的过程可以称为"知识工程"，它是把软件工程的思想转接于设计基于知识的系统。知识工程包括以下几个方面。

（1）从人类专家中获取系统所用的知识。

（2）定制合适的知识表现形式。

（3）进行软件的设计。

（4）用匹配的计算机编程语句实现。

下面简单介绍三种专家系统。

### 1. 基于规则的专家系统

基于规则的专家系统包含五个部分，分别是知识库、数据库、推理引擎、解释工具和用户界面，其基本结构如图 4.3 所示。

数据库中包含一系列事实，所有事实都存放在数据中，用来和知识库中存储的规则（IF 条件部分）相匹配。知识库包含解决问题时用到的专业知识，而且知识表达成为一系列的规则。每一规则使用 IF-THEN 结构指定的关系。当满足规则里的条件部分时，激发规则，开始执行动作部分，由推理引擎执行推理。用户可使用解释工具询问专家系统得出某个结论的过程，以及需要某些事实的原因。用户界面是用户为寻求问题的解决方案与专家系统沟通的接口。

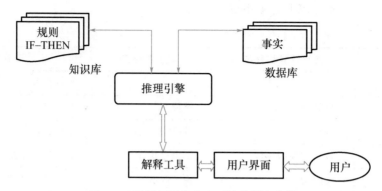

图 4.3　基于规则的专家系统的基本结构

　　基于规则的专家系统可以通过定义规则的优先级、顺序执行，以及使用最近录入的规则来解决矛盾冲突问题。该专家系统具有统一的结构，自然知识可描述，能分离知识与处理过程的优点。

【SECO Control Room
激光无缝大屏
指挥监控系统】

### 2. 规划型专家系统

　　规划型专家系统是用于指定行动规划的一类专家系统，如自动程序设计、军事计划的制订等。它的任务就是找出某个能够达到给定目标的动作序列或操作步骤，其所要规划的目标可能是动态或静态的，而且还需要对未来的动作做出预测，因此这一般涉及很复杂的过程和理论。在规划应用领域，比较出名的有辅助规划 IBM 计算机主架构的 CSS 应用专家系统和辅助财务管理的 PlanPower 专家系统等。

### 发现故事 2：军事指挥调度系统

【SECO Control
Room 激光大屏】

　　军事指挥调度系统属于规划型专家系统，也是专家系统的一个实例。其组成部分有多媒体调度系统、语音通信系统、视频通信系统、移动作战指挥平台和业务系统。图 4.4 所示为常规指挥、调度、运营中心，即 SECO Control Room 系统效果图。

　　多媒体调度系统部署在作战指挥中心。该系统作为军事指挥调度系统的心脏，能够提供核心交换、控制管理等功能，还可以实现系统内各类有线和无线通信系统的音、视频信息交互。

　　语音通信系统可实现军队上下级和各部门之间的日常办公及作战语音融合通信，类似的有办公电话系统、电子传真系统、集群对讲系统等。

　　视频通信系统包含多领域计算机技术和网络通信技术，除了涉及声、光、图之外，还需要场景信号的边缘处理技术，以及相关设备约定使用的管理概念。该系统主要包括视频监控、视频会商系统，以实现营区视频监控接入及视频调度。

　　移动作战指挥平台主要指移动和指挥作战现场的通信指挥车及单兵作战人员，实现指挥员靠前指挥，完成作战指挥中心与作战现场的远程音、视频信息交互。

　　业务系统通过二次开发接口，统一接入军事指挥调度系统，实现多系统协同作战指挥等作用，如报警系统、GIS 系统等。

图 4.4 SECO Control Room 系统效果图

### 3. 基于互联网的专家系统

互联网可将新技术、软/硬件资源和其他智能信息系统连接起来。将人工智能技术与互联网结合，可以汲取双方的优点实现利益最大化。基于互联网的专家系统就是将专家系统与互联网巧妙结合，这样就会具有非常大的发展空间。

图 4.5 所示为基于互联网的专家系统的基本结构。

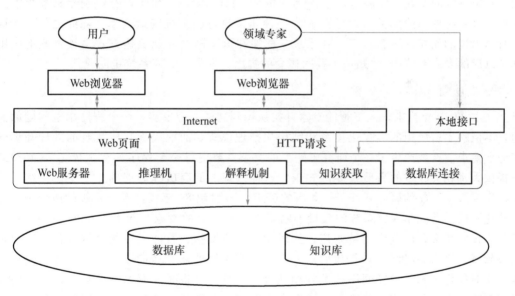

图 4.5 基于互联网的专家系统的基本结构

最初的 Web 页面是静止不动的，用于发布或交换固定的内容和信息。随着人们的需求不断提高，网络用户开始要求拥有动态的上网体验，于是各种各样的技术被开发出来，这使得 Web 应用更加复杂和迅速。

动态 Web 应用创建的一种方法是公共网关接口（Common Gateway Interface，CGI），相比于静态 Web，在使用 CGI 编写程序时，用户可以发出请求去执行相应的程序。尽管 CGI 在安全方面存在隐患，但是到目前为止它仍在被使用。

### 4.1.3 专家系统的发展历史

专家系统的发展经历了三个时期：初创期、成熟期和发展期。

1. 初创期（1965—1971 年）

第一代专家系统 DENDRAL 和 MACSMA 的出现，标志着专家系统的诞生。其中，DENDRAL 是推断化学分子结构的专家系统；MACSMA 是用于数学运算的专家系统。这两个专家系统是完全针对其应用领域设计和开发的，它们的优点是性能在很大程度上被改善，缺点是忽略了系统的透明性和灵活性等。

【早期人工智能专家系统】

2. 成熟期（1972—1977 年）

20 世纪 70 年代，专家系统技术趋于成熟，而且专家系统的理念也逐渐被人们所接受。20 世纪 70 年代中期，先后出现了以 MYCIN、HEARSAY、PROSPECTOR 等为代表的一批行之有效的专家系统。其中，斯坦福大学研究并开发的血液感染病诊断专家系统 MYCIN 是国际上公认的最有影响力的专家系统。在 MYCIN 中第一次使用了专家系统中非常先进的知识库概念，并且在系统中还使用了似然推理技术来模拟人类的启发式问题的求解方法。该理念和方法的成功使用为专家系统的实践和发展做出了深远的贡献。HEARSAY 属于语音识别专家系统中的一种，该系统提出的黑板结构已经成为一种非常流行的系统构造技术。除此之外，在这个时期出现的元知识概念、产生式系统、框架和语义网络知识表达方式也被普遍地应用到了以后的专家系统中。"知识工程"概念的提出，宣告了专家系统走向成熟。

3. 发展期（1978 年至今）

20 世纪 70 年代末，人工智能专家开始认识到这样一个事实，一个程序求解问题的能力，不依赖于所应用的形式化体系和结构化推理模式，而取决于它所具有的处理知识的能力和要求。这就产生了一个研究思路上的突破，要使得一个程序具有"智能"，必须向它提供大量相关领域的高质量专门知识。这种认识上的突破性进展确立了专家系统的地位，还为人工智能的研究开辟了一条新的道路。20 世纪 80 年代，专家系统的研究进入了白热化阶段。首先是专家系统的数量不断增多，全世界的专家系统有 2 000～3 000 种之多。不仅数量多，而且应用特别广，如医学、地质勘探、石油天然气资源评价、工业控制等领域。进入 20 世纪 90 年代后，人们对专家系统的研究转向了与知识工程、模糊技术、实时操作技术、神经网络技术等相结合的系统，这也是专家系统今后的研究方向和发展趋势。有些科学家也顺势提出了未来诊断专家系统的设想和人工智能类人化专家系统的假设，如图 4.6 和图 4.7 所示。

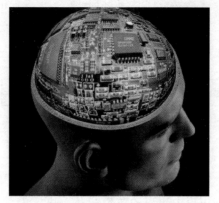

【量子医疗
专家系统】

图 4.6 未来诊断专家系统　　　图 4.7 人工智能类人化专家系统

### 发现故事3：血液感染病诊断专家系统 MYCIN

MYCIN 是著名的医学领域的专家协调系统，还是世界上具有影响力的专家系统之一。该系统由斯坦福大学建立，目的是对细菌感染疾病的诊断和治疗提供咨询，具体操作过程如下。

（1）以患者的病史、病症和化验结果等为原始数据，运用医疗专家的知识进行顺向推理，找出导致感染疾病的细菌。若是多种细菌，则用 0 到 1 的数字给出每种细菌的可能性。

【专家说：新型冠状
病毒感染的肺炎
诊断和治疗的难点】

（2）在上述基础上，给出针对这些可能的细菌的治疗方案。

尽管 MYCIN 在诊断血液感染病方面表现得非常出色，但是对于深层次的知识却一无所知。事实上，MYCIN 不清楚病人有哪些病史，不知道病人目前的状态，也不知道如何分析是什么导致了患者不舒服的症状。但是 MYCIN 中使用了专家系统中非常先进的知识库概念，并且使用了模拟人类的启发式问题的求解方法，这给专家系统的实践和发展做出了深远的贡献。

## 4.2　专家系统的基本结构

专家系统的基本结构是指专家系统各个组成部分的构造方法和组织形式。系统结构选取得恰当与否，是直接与专家系统的适用性和有效性紧密相关的，而且还要根据系统的应用环境以及系统所执行的任务特点来确定最为恰当的构造形式。

专家系统的基本结构如图 4.8 所示，箭头方向即为信息流动的方向。一般来说，一个完整的专家系统是由知识库、推理机、解释器、综合数据库和用户接口组成的。其中知识库用来存放相关领域专家提供的专门知识。推理机的功能是根据一定的推理策略从知识库中选取有用的相关知识，进而对用户提供的数据进行推理，直到得出相应的结论为止。对于知识的获取过程，可以把它看作一类专业知识到知识库之间的转移过程。用户接口则完成输入输出功能。

知识的表现形式包括框架、规则和语义网络等，可谓是千变万化、复杂多样。知识库中的技能和知识来源于各个领域的顶尖专家，这也是决定专家系统能力的所在。进一

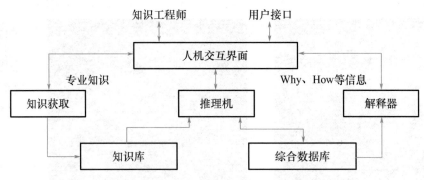

图 4.8  专家系统的基本结构

步来讲，就是知识库中知识的数量和品质决定着专家系统的质量水平。知识获取负责创建、修改和扩充知识库，其操作途径可以是手工的，也可以采用半自动知识获取方法或自动知识获取方法。

推理机是实施问题求解的核心执行机构。实际上，推理机的程序与知识库的具体内容无关，即推理机和知识库是分离的，这是专家系统的重要特征。其优点是对知识库的修改无须改动推理机。但是纯粹的形式推理会降低问题的求解效率。

人机交互界面是系统与用户开展交流的界面和平台。通过该界面，用户输入基本的相关信息并回答系统提出的相关性问题；系统输出推理的结果和相关的解释。

解释器用于对求解过程做出需要的说明，同时回答用户的提问。两个最基本的问题是"Why"（为什么）和"How"（怎么样）。解释机制涉及程序的透明性，它可以使用户理解程序正在做什么和为什么要这么做，给用户提供了一个关于系统的认识窗口。为了回答"为什么"得到某个结论的询问，系统通常需要反向追踪综合数据库中动态库里的推理路径，并把它翻译成能被人们普遍接受的自然语言表达形式。

图 4.9 所示为专家系统的简化结构。

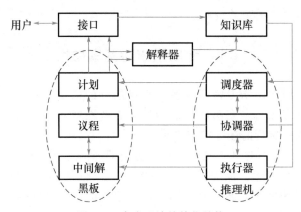

图 4.9  专家系统的简化结构

其中，黑板是用来记录系统推理过程中用到的控制信息、中间假设和中间结果的数据库，它包括计划、议程和中间解三个部分。

按照系统建立者给定的控制知识，调度器从计划中抽取一项作为系统下一步将要执行的动作。执行器的任务是应用知识库中以及黑板中记录的信息，执行调度器所选定的动作。协调器的主要作用是，当得到新数据或新假设时，对已得到的结果进行修正，以保持结果前后的一致性。

## 4.3 专家系统 MYCIN

上节讲解了专家系统的基本结构，也可以说展示了专家系统的基本运行流程。用户通过人机交互界面向系统提出问题和假设；推理机把用户输入系统的信息与知识库中各个规则进行匹配，并把匹配出的相应结论存放至综合数据库中；最后将得出的结论呈现给用户。这就是专家系统的基本工作流程。下面以 MYCIN 系统为例，解释专家系统的工作过程和结构。

MYCIN 系统是一种能够协助医生对住院的血液感染患者进行诊断和进行药物治疗的专家系统。该系统在 20 世纪 70 年代由美国的斯坦福大学研制并用 LISP 语言编写而成。医生可以向 MYCIN 系统输入病人信息，系统对其进行诊断，并给出诊断的结果和处方。

MYCIN 系统由三个子系统组成：咨询子系统、解释子系统和规则获取子系统。如图 4.10 所示，两个数据库存放着系统的所有信息，其中静态数据库存放咨询过程中用到的所有规则，实际上，它也被看作专家系统的知识库；动态数据库中包含着病人的信息和到目前为止咨询子系统所被询问的问题。咨询开始后，咨询子系统优先启动，进入人机对话模式。结束后，系统自动地接入解释子系统。解释子系统会就用户给出的问题进行专业的解答和推理，并就推理过程做出解释。规则获取子系统只由建立系统的知识工程师开发与使用。一旦有规则遗漏或系统某部分不完善时，知识工程师可凭借该子系统进行强制增加和修改规则。

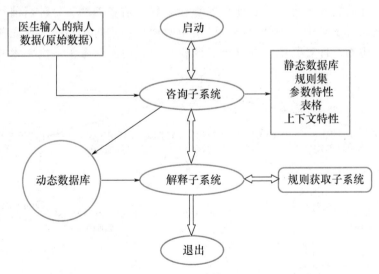

图 4.10 MYCIN 系统中的信息流及控制流程

人类细菌感染疾病的专家在对病情进行诊断和提出治疗方案的过程中，大致需要遵循下面四个步骤。

（1）确定病人是否感染了需要治疗的细菌。也就是说，判断发现的细菌是否引起了疾病的产生。

（2）查明疾病的起因和引起疾病的细菌种类。

（3）找出行之有效的药物来对抗该疾病。

（4）依据病人的实际情况，最终给出适合的药物。

整个过程往往很复杂。不仅需要病人的准确自述，而且还要依靠医生的临床经验和理智的判断。而 MYCIN 系统可以模仿专家的推理过程，通过产生式规则的形式体现出专家的知识与技能。

具体过程一般是先获取病人的血液和尿等样品，放在适当的介质中培养，可以发现某些关于细菌生长的迹象，由此来判断引起疾病的细菌类别。通常情况下，完全确定细菌的类别需要 1～2 天或更长的时间，而且病人的病情不可拖延，所以医生几乎都是在信息不完整或不准确的情况下，决定病人是否需要治疗。如果需要治疗，下一步就是选择对症的药物。对比人类专家，MYCIN 系统可以根据不确定和不完全的信息进行推理，这是该系统的重要特征之一。

### 4.3.1　数据的表示

在 MYCIN 系统的知识库中有一个静态数据库，每一类语境、规则和参数的若干特性等都存储在静态数据库中。而动态数据库中的数据则按照它们之间的关系在咨询的过程中构成一棵上下文树（Context Tree）。树中的节点被称为上下文，每个节点对应一个具体的对象，且描述该对象的所有数据都存储在这个节点上。所以，病人的完整描述可以用一个上下文树来形象地刻画出来。

上下文树如图 4.11 所示，树中每个节点的旁边都注明了上下文类型。从图 4.11 可见，该树所描述的病人已有两种当前培养物和一种先前培养物。每种当前培养物都分离出一种微生物，对于其中一种微生物，已使用两种药物进行了治疗。在先前培养物中培养出了两种微生物，针对其中一种进行了药物治疗。病人已做了一次手术并且使用了一

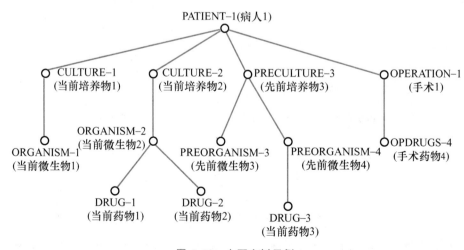

图 4.11　上下文树示例

种手术药物。

MYCIN 系统中提供了以下十种上下文类型。

（1）病人（PATIENT）。

（2）当前培养物（CULTURE），正在从中分离细菌的培养物。

（3）先前培养物（PRECULTURE），以前取得的培养物。

（4）当前微生物（ORGANISM），目前从培养物中分离出来的细菌。

（5）先前微生物（PREORGANISM），以前分离的细菌。

（6）手术（OPERATION），已对病人实施的手术。

（7）手术药物（OPDRUGS），手术期间给病人使用的抗菌类药物。

（8）当前药物（DRUG），目前对病人使用的抗菌类药物。

（9）先前药物（PREDRUGS），以前对病人使用的抗菌类药物。

（10）方案（PROGRAMME），正在考虑的治疗方案。

除病人类型之外，在每次的咨询过程当中，其他的每种类型都可能对应多个节点，也可能没有生成对应的节点。虽然上下文树中的不同节点可以有相同的类型，但是每个节点有且只有一个特定的类型。

每个节点有一组属性（Attribute），也称临床参数（Clinical Parameters）。对大量的临床参数，MYCIN 通常不是计算一个特定的值而是解出几个可能的值，而且每一个值都带有一个可信度。这是一个 $-1 \sim +1$ 的数值，用来表示这个临床参数的可信程度。可信度为 $+1$，表示这个参数肯定是该值；若为 $-1$，则表示这个参数一定不是该值。可信度可以由计算机分析得到，也可以由医生直接输入得到。在内部形式中，规则的前提和操作部分几乎都是以 LISP 中的表结构形式存储的。下面给出一个典型规则的例子。

如果：微生物的本性是未知的，且

微生物的染色体是革兰氏阴性，且

微生物的形态是杆状的，且

微生物的性质是需氧的

则：存在强有力的启发性证据（0.8）表明微生物的类别是肠细菌科

该规则的内部表示如下。

```
RULE037
PREMISE:($AND(NOTKNOWN CNTXT IDEN)
            (SAME CNTXT GRAM GRAMNEG)
            (SAME CNTXT MORPH ROD)
            (SAME CNTXT AIR AEROBIC))
ACTION:(CONCLUDE CNTXT CLASS ENTEROBAGTERIACEAE
TALLY 0.8)
```

在该规则的前提条件中，CNTXT 是变量，它表示某一节点，此处应该是某一种微生物。NOTKNOWN 是谓词函数，它的形式为 NOTKNOWN 节点属性，在当前节点的指定属性已知时，其值为真，反之为假。和 NOTKNOWN 一样，SAME 也是谓词函数，所以它的形式与 NOTKNOWN 类似，为 SAME 节点属性。在当前节点的指定属性的可信度大于 0.2 时，其值为该可信度，否则其值为假。谓词函数 $AND 表示前提各子句之间

的关系是合适可取的，即当其各自变量的值都大于 0.2 时，其值为最小的值，并且把此值作为整个前提的可信度，否则其值为假。如果整个前提为真，则执行结论子句，反之结束执行该规则。

在规则的结论中，CNTXT 是变量，表示前提中的节点。CONCLUDE 是谓词函数，它的形式是 CONCLUDE 节点属性值 TALLY cf，表示可推断出当前节点的指定属性为特定值，且规则强度是 cf。TALLY 也为变量，用来存放前提可信度的值，即规则强度，cf 为 $-1 \sim 1$ 的数值，表示前提成立时结论的可信程度。

$|cf| \geqslant 0.8$：强有力的启发性证据证明。

$0.4 \leqslant |cf| < 0.8$：有力的启发性证据证明。

$|cf| < 0.4$：微弱的启发性证据证明。

前提中的函数都是以 LISP 函数的形式实现的，取值为真或假（T 或 F）。

### 4.3.2　控制策略

MYCIN 系统采用反向推理过程。在咨询开始的时候，首先列出语境中属于 PATIENT 上下文类型的根节点，包括以下三步。

（1）赋予这个语境一个名称。

（2）将这个语境加到上下文树上。

（3）跟踪这类语境的 MAINPROPS 表中的参数。

在根节点的情况下，第一次咨询时赋予的名称是 PATIENT-1（病人-1）。PATIENT 上下文类型的 MAINPROPS 特性有 NAME、AGE、SEX 和 REGIMEN。因此，MYCIN 将依次跟踪上述四个参数。跟踪的方法是调用所有在操作部分得出这个参数的规则。开始咨询时，第一步把上下文树的根节点形象具体化为病人-1。第二步尝试找出该上下文类型的 REGIMEN 参数，此参数就是给该病人的建议治疗方案。为了得到 REGIMEN 的值，系统需要跟踪目标规则的前提部分所涉及的参数。对于某些医生来说不知道这些值也很正常，所以需要应用可以推理出这些值的规则。最后跟踪这些规则的前提部分中的参数，直到通过医生的回答找到所需的参数为止。

## 4.4　专家系统工具 CLIPS

早期的专家系统工具大多数采用 LISP、Prolog 等编程语言进行开发，但是它们普遍都有一个缺点，那就是运行速度缓慢、可移植性和解决问题的能力差。时过境迁，这些问题得到了有效解决。1984 年，美国国家航空航天局约翰逊空间中心（NASA's Johnson Space Center）推出 C 语言集成产生式系统（C Language Integrated Production System，CLIPS）。CLIPS 的前身属于 C 语言的一种，但是它是基于 Rete 算法的前向推理语言，同时，它具有高移植性、高扩展性、强大的知识表达能力和编程方式及低成本等特点。一经推出，立即成为受欢迎和被追捧的对象，除了被广泛应用于政府、工业和学术界，它还强有力地推动了专家系统技术在各个领域及各种运行环境下的传播与使用。

知识表示

1. 字段

CLIPS 有一个基本语言的符号单位，称为令牌（Token）。其作用是在 CLIPS 中将键盘或文件中某组有特定意义的字符读入。

整型（Integer）和浮点型（Float）：称为数字字段，如−1、1.5、9e+1 等。在 CLIPS 中，包括整数在内的所有数都是用浮点数来进行存储的。

字符串型（String）：双引号内部所包含的字符号串（包括空格）。

符号型（Symbol）：以一个可打印的 ASCII 字符开始，至一个分界符结尾。其中，分界符包括任何不能打印出来的 ASCII 字符，如空格、制表符、回车、换行、双引号、左括号"("、右括号")"、分号";"、AND 字符"&"、竖线字符"|"、波浪符"~"和小于号"<"等。另外需要注意的是，字符串不能以"?"和"$"开头，而且 CLIPS 语言是大小写敏感的语言。

外部地址（External Address）：用户自定义函数返回的外部数据结构的地址。

示例名（Instance Name）和示例地址（Instance Address）：在 COOL 连接的字段中使用，示例名是由方括号括起来的一个示例名；示例地址与外部地址一样，只能从函数返回的外部数据结构获得。

在 CLIPS 中，变量字段在语法上的表现形式是用一个问号加一个变量名组成，形式为"?name"。其中，name 为变量名，它完全遵循标识符的语法，但必须以一个字符开头。"?"为单字段通配符，其含义是相应的变量可以跟任一字段匹配。例如，"?x""?shore"都是变量字段。注意，问号和变量名之间不能出现空格。有时候，变量字段中的变量名可以省略，只剩下单独的问号"?"，这时，该变量字段就称为匿名变量字段，即该变量无须匹配。此外，还有形如"$?Name"的变量字段，其中"$?"称为多字段通配符，即相应变量可以与任意多个字段匹配。下面给出一个例子。

```
(def rule find - list
        (list $?items)
        =>
        (printout ("Found a list with items:"$?items crlf))
```

可以与下面的事实匹配。

```
(def facts different- lists
        (list a)
        (list b d)
        (list a b c))
```

运行后将输出以下信息。

```
Found a list with items:a
Found a list with items:b d
Found a list with items:a b c
```

## 2. 事实

在 CLIPS 中，事实由关系名、零个或多个槽（也称符号字段）及它们的相关值组成。事实分为两类：自定义模板事实（Def template Fact）和有序事实（Ordered Fact）。

事实被创建之前，必须提供给 CLIPS 一个给定关系名的合法槽列表，用来表示具有相同的关系名，包括共同信息的那些事实可以通过自定义模板结构（Construct）来描述，这就使得自定义模板结构成为 CLIPS 的核心。自定义模板结构的一般格式如下。

```
(def template<relation-name>[<optional comment>]
        <slot-definition>*)
```

＜slot-definition＞的定义格式如下。

```
(slot<slot-name>)|(multislot< slot-name>)
```

例如，对于人（person）事实可以用下面的自定义模板来描述。

```
(def template person "An example def template"
        (slot name)
        (slot age)
        (slot height)
        (slot weight))
```

定义 multi slot 的槽是为了使该槽可以输入一个或多个字段。

有关系名且有相对应模板的事实称为自定义模板事实。例如：

```
(person "An example def template"
        (name "Zhang Qiang")
        (age   21)
        (height  1.80)
        (weight  60))
```

有序事实可以用来存储关系名下的所有值，就像有一个隐含的多字段槽 multisolt 一样。事实上，CLIPS 遇到一个有序事实时，就会自动生成一个隐式的自定义模板。例如，等同于上面有序事实的自定义模板如下。

```
(def template number-list
        (multislot values))
```

上述事实可以定义如下。

```
(number-list (values 1  10  2  3))
```

事实的输入可以有两种形式。一种是在 CLIPS 运行提示符下通过使用下述命令输入。

```
(assert<fact> + )
```

这种输入方式有时不太方便，尤其是对于在程序运行前就已知的事实或为调试程序而输入的事实。对于这些事实可以用另一种方式输入，即使用以下结构来实现输入。

```
(def facts<facts-name> [<optional comment>]
                              <fact>*)
```

例如：

```
(def facts people "some people we know"
              (person(name"Zhang Qiang")
              (age  21)
              (height  1.80)
              (weight  60))
              (person(name"Li Hong")
              (age  21)
              (height  1.60)
              (weight  50)))
```

一个程序中可以有多条 def facts 语句，在程序运行之前，系统会将 def facts 语句中给定的初始事实装入到工作区内。

3. 规则

在 CLIPS 中，规则的表示形式如下。

```
(def rule<rule-name> [< comment> ]
        <patterns>*;Left-Hand Side(LHS)of the rule
     →
        <actions>*);Right-Hand Side(RHS)of the rule
```

其中，rule-name 为规则名，patterns 为一组模式，actions 为一组动作。

在规则中，规则的前提一般由零个或多个条件组成，模式一般是指组成规则前提的基本单位，每个模式由一个或多个字段组成。例如：

```
(has-goal ? x simplify)
(expression ? y ? al ? op ? a2)
(is-a-parent-of ? u ? v)
```

其中，"? x"表示变量，"x"为变量名。

动作可以是访问事实库、基本动作函数等，也可以是增加事实或删除事实等。例如，下面两条表示祖先关系的规则。

x 是 y 的父亲→x 是 y 的祖先

x 是 y 的父亲，且 y 是 z 的祖先→x 是 z 的祖先

在 CLIPS 中表示如下。

```
    (def rule ancestor-rule1
    (father ? x? y)
 →
(assert (ancestor ? x? y)))
    (def rule ancestor-rule2
    (father ? x? y)
```

```
(ancestor ?y? z)
→
(assert(ancestor ?x? z)))
```

在 CLIPS 中可以使用以下两个命令查看规则库中的规则。

rule：显示当前规则表。

pprule：显示规则的文本内容。

## 4.4.2  CLIPS 的运行

### 1. 控制结构

首先来看一下 if 语句的结构。

```
(if< predicate-function >
then<actions>*
[else<actions>*])
```

规则的动作序列一般是顺序执行，但是也可以用 if 和 while 语句加以实现和控制。这里的 predicate-function 是谓词函数，actions 是一组动作。

while 语句的结构如下。

```
(while< predicate-function>[do]<actions>*)
```

它们的形式与含义都和一般的高级语言中的条件语句和循环语句类似。另外，还可以使用 halt 语句暂停规则，它没有参数，格式如下。

```
(halt)
```

### 2. 约束

在 CLIPS 中，除了常量和变量的最基本模式匹配之外，还存在许多功能十分强大的模式匹配符。例如，字段约束，即在字段上附加各种约束关系，将字段的取值范围约束至某一特定的范围。在模式匹配符里，最实用也最常用的就是连接约束，也称逻辑约束。该约束有与、或、非三种，它们和单字段变量结合使用的形式如下。

（1）?x & value，表示变量字段"?x"的值必须与 value 的值相一致。在这里，value 可以是变量字段或常量字段。例如，"?cs & ?xs"表示变量字段"?cs"的值与"?xs"的值一致。

（2）?x & value1 | value2，表示变量字段"?x"的值必须为 value1 或 value2 之一。在这里，value1、value2 可以是变量字符或常量字段。

（3）?x &~ value，表示变量字段"?x"的值不能为 value。在这里，value 可以是变量字段或常量字段。例如，"?fs &~ ?xs"表示变量字段"?fs"的值不能与"?xs"的值一致。

除此之外，CLIPS 还有一个变量约束语句 bind，它用来建立新变量或修改在规则中已被赋予值的变量值。例如：

```
(bind ?i 1)
```

表示将 1 约束到变量"? i"中。

(bind ? shore shore-2)

表示将 shore-2 约束到变量"? shore"中。

3. 议程表

在规则的执行过程中，CLIPS 要进行各种模式同工作区的事实匹配，成功后，再将匹配的规则存放到议程表中。可以把议程表看成是成功匹配的规则集合，而这些规则称为被激活（Activate）。CLIPS 执行议程表中规则的部分，称为触发（Fire）。类比于 CPU，当议程表中没有规则时，程序停止运行，否则可能会带来不必要的耗能和错误；当议程表中有多条规则时，CLIPS 选择优先级（Salience）最高的规则执行。

4. 调试

在 CLIPS 中，主要有三个调试命令。

（1）matches 命令，用于指出规则中与事实匹配的模式，其语法格式如下。

(matches<rule-name>)

（2）watch 命令。其语法格式如下。

(watch<watch-item>)

＜watch-item＞是 facts、rules、activations、statistics、compilations 或 all 等符号之一，或者是它们的组合。

使用 unwatch 命令可以关闭 watch 命令。

（3）set-break 命令，用于设置断点，指定一组规则中任何一个被触发之前暂停执行的命令，其语法格式如下。

(set-break<rule-name>)

另外，show-break 命令可以列出所有的断点，remove-break 命令可以删除断点。

## 4.5 专家系统工具 JESS

JESS（Java Expert System Shell）是一个用 Java 编写的专家系统开发平台，它以 CLIPS 专家系统外壳为基础，由美国 Sandia 国家实验室的分布式系统计算组成员弗里德曼-希尔（E. Friedman-Hill）在 1995 年开发。JESS 将专家系统的开发过程与功能强大的 Java 语言相结合，允许在 Applet 和 Java 的其他应用中使用规则，并且还可以在系统运行环境下直接调用 Java 的类库等，这些都使得用 JESS 开发出的专家系统具有良好的移植性、嵌入性，而且还具有非常高的效率，在某些特定的问题上它甚至比 CLIPS 本身更有效。JESS 与 Java 的良好集成性使 JESS 得以方便地应用于基于 Java Web 技术的专家系统中，解决了基于 Web 的专家系统缺少专家系统开发工具的问题，使基于 Web 的专家系统具有很高的推理效率、可移植性和可扩展性。

### 4.5.1 知识表示和基本组成

JESS 采用产生式的规则作为基本的知识表达模式，其核心由事实库、规则库和推理

机三大部分组合而成。

### 1. 事实库

JESS 中的事实库有简单事实和对象事实。所谓简单事实就是一个事实的直接描述，不包含任何方法；而对象事实则封装了方法，并可以接受外界信息来改变自身特征的事实。JESS 对于简单事实的表示通常采用断言。例如，（high 100m）表示"高度为 100 米"，（price 200yuan）表示"价格为 200 元"，（name "john"）表示"姓名为 john"。

对于对象事实，JESS 用 Java 语言来定义，类的定义用 Java 语言书写，编译完成后就可以动态地加入系统中。用 Java 虚拟机（Java Virtual Machine，JVM）编译通过后，再用 defclass 命令将该类加入系统，之后它就可以执行类似于 CLIPS 中对类的各种操作。

### 2. 规则库

JESS 中规则的表示仍然采用 CLIPS 的语法结构。它通过限定规则的前件和后件，来支持内容丰富的模式匹配语言。通过使用控制语句，JESS 可以控制规则后件的操作流程，使用这些面向过程的编程，给知识的表示带来了很大的方便。

### 3. 推理机

JESS 通过模式匹配语言对事实进行操作。在 JESS 中有很多的匹配操作符，包括支持与任意事实进行匹配的单一操作符和只能与满足特定约束值的事实进行匹配的复杂操作符。JESS 在 CLIPS 的基础上增加了 unique 条件元素，用于标示出该模式匹配的事实是唯一的。在匹配的过程中，当模式发现一条事实与它匹配时，就会停止对事实库的检索，这样大大提高了系统的效率。

### 4.5.2　JESS 的开发

JESS 是一个使用 Java 语言编写的基于规则的专家系统推理框架，它被封装成了一个 jar 包。要使用 JESS 开发包，计算机上必须安装有 JVM，JVM 可以在 Sun 公司的官网自行下载。现在的 JESS 版本为 7.0，需要 JDK 1.4 或更高版本的 JDK 才能支持推理机的运行。在计算机上成功安装完 JDK 后，还要设置环境变量。其中，在 Path 环境变量下加入 JDK 安装目录下的 bin 文件夹的路径，在 ClassPath 环境变量下加入 JDK 和 JRE 安装目录下的 lib 文件夹的路径，同时还要加入 JESS 的 jar 包所在的路径。

用 JESS 开发专家系统有以下几种方式。

（1）命令行形式。可以把 JESS 代码保存为一个文本文件，并由 JESS. main 或 java main()函数调用执行。

（2）Applet。可将 JESS 代码通过 Applet 的形式嵌入网页中，供远程用户调用时进行下载，这样可以以"胖客户"的形式构造用户界面。

（3）Servlet。通过 Servlet 和 JSP 技术，可以在网页代码中嵌入并调用 JESS 程序，将 JESS 扩展到 J2EE 的环境上，实现用户远程以"瘦用户"的方式访问专家系统。

（4）Windows 界面。通过在 JESS 代码中调用 Java 可视组建类库（Swing 等），或者在 Java 程序中嵌入 JESS 代码形式来构造 Windows 用户界面。

JESS 中采用了 Rete 匹配算法，该算法合理地利用了专家系统中的时间冗余性和结构相似性这两大特点，有效地减少了匹配的操作次数，从而提供了高效的推理。JESS 还沿用了 CLIPS 的语法结构，而且主要使用 deftemplate 定义数据结构模板，使用 def rule、def fact 分别定义规则库和事实。当同时存在多项规则时，每个规则依次按照顺序触发，而且只执行一次，除非规则前提再次得到满足且触发。在 JESS 中，可以针对规则设置优先级。

下面给出一个野人和传教士过河问题的实例。

```
(def rule MAIN ::move to-shore1-one wild man
? node<-  (status(search-depth ? num)
                        (wild man-shore1-number ? nums1)
                        (wild man-shore2-number ? nums2&:(>=? nums2 1))
                        (boat-location shore2))
=>
(duplicate ? node(search-depth(+1 ? num))
                        (parent ? node)
                        (wild man-shore1-number(+1 ? nums1))
                        (wild man-shore2-number(- ? nums2 1))
                        (boat-location shore1)
                        (last-move one-wild man-toshore1)))
```

其中，(wild man-shore2-number ? nums2&:(>=? nums2 1))语句是检验河岸 2 上野人的人数大于或等于 1；(boat-location shore2)语句是检验船只当前停靠在河岸 2。

## 4.6  专家系统工具 OKPS

OKPS（Object-Oriented Knowledge Processing System）是中国科学院计算技术研究所智能科学开放实验室研制的面向对象知识处理系统，是一种采用面向对象的知识表示方法，而且在框架知识表示的基础之上，与语义网络表示相结合，应用面向对象概念定义。这种表示方法把知识看作对象，将客观事物和规律属性及行为特征封装起来，并通过对象之间的继承关系和约束关系来表示它们的结构和联系。知识处理系统内部的各个部分是相互独立的，它们都被封装在相应的类中，用对象的消息控制机制进行各个部分的接口控制。OKPS 主要由四部分组成，分别是面向对象推理机、ICL 命令解释器、工具库和可视化知识管理工具 VKMT。

OKPS 具有以下功能。

（1）管理知识库，通过 VKMT 获取知识，利用开放数据库互连（ODBC）访问知识库。

（2）用于智能的模型参与问题的求解。

（3）在问题处理系统中进行智能调度。

（4）人机交互、外部数据库的访问及其黑板控制。

（5）对方法和监控的解释与执行。

知识表示

在 OKPS 中，采用面向对象的概念和技术实现了知识表示方法，而且还汲取了来自框架理论和语义网络中的一些特点。在面向对象方法中，父类、子类以及具体对象构成了一个层次结构，而且子类可以继承父类的数据及操作。这种层次结构和继承机制直接促进了分类知识的表示，而且其表示方法与框架结构有很多相似之处。

与框架表示知识中的框架结构一样，用面向对象方法表示知识时也需要对类进行描述，下面给出一种描述形式。

```
Class<类名>   [ :<超类名> ]
[<类变量表>]
Data_Structure
<对象的静态结构描述>
Method
    <关于对象的操作定义>
Restraint
    <限制条件>
Endclass
```

其中，Class 是类描述的开始标志；<类名>是该类的名字，它是系统中唯一的标识；<超类名>是可选参数，当该类有父类时，用它指出父类的名字；<类变量表>是一组变量名构成的序列，该类中所有的对象都共享这些变量，对该类对象来说它们是全局变量，当把这些变量实例化为一组具体的值时，就得到了该类中的一个具体的对象，即一个实例；Data_Structure 后面的<对象的静态结构描述>用来描述该类对象的构成方式；Method 后面的<关于对象的操作定义>用来定义类元素可施行的各种操作，它既可以是一组规则，也可以是为实现相应的操作而执行的一段程序；Restraint 后面的<限制条件>指出该类元素要满足的限制条件，可用包含类变量的谓词构成；最后以 Endclass 结束。

**发现故事 4：导弹跟踪系统**

【PAC-3
导弹系统】

导弹跟踪系统可以依据导弹飞行观测、飞行预测以及飞行修正与控制划分对象（类）；根据导弹飞行时刻划分标识符（ID）；按照数据结构（DS）列出系统的状态、属性及属性值等数据结构；根据方法集（MS）指出系统所采用的方法集；最后，依据消息接口（MI）得到的消息来搜索与之匹配的内部方法，找到并指出系统指向具体操作的指针。导弹跟踪系统在 $T_K$ 时刻飞行观测的对象表示，如图 4.12 所示。

OKPS 的知识表示与实现要针对相应的目标来完成。这是一个建立在对象模型基础之上的扩充细化和实现技术支持的过程。在 OKPS 中，对象所拥有的方法集相对于框架系统的附加过程来说，其内涵更加广泛，定义也更加明确规范，除了加强对象所能完成的功能之外，还提高了 OKPS 的结构化程度。

（a）导弹飞行观测资料

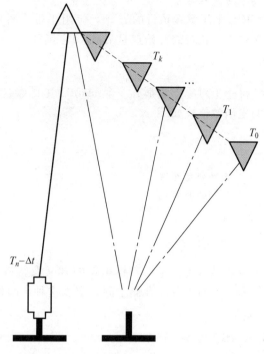

（b）导弹跟踪拦截系统示意

图 4.12  导弹跟踪系统在 $T_K$ 时刻飞行观测的对象表示

## 4.6.2 推理控制语言

为了提供功能足够强大的推理机制，并最大限度地维持推理机制的灵活性和方便性，OKPS 提供了一种专门的推理控制语言（Inference Control Language，ICL）。通俗来说，ICL 基本上是 C 语言的一个子集，是用来描述知识对象的方法或监控的过程式语言。具体操作是通过一个 ICL 编译器将源代码编译成二进制代码，然后执行。

【ICL 晶体植入术】

图 4.13 所示为 ICL 的工作流程。

图 4.13  ICL 的工作流程

其中，词法分析器是进行词法分析的程序或函数，也叫扫描器（Scanner）。词法分析器一般以函数的形式存在，供语法分析器（Parser）调用。语法分析器通常是作为编译器或解释器的组件出现的，它的作用是进行语法检查，并构建由输入的单词组成的数据结构。其一般使用一个独立的词法分析器从输入字符流中分离出每个"单词"，并将"单词

流"作为输入。

ICL 采用解释执行的方式，应用于每个对象的方法中。对象方法由一系列 ICL 函数定义构成，执行的开始点是 main() 主函数。

### 1. 主函数

每一个对象方法都有一个 main() 主函数，作为对象方法执行的开始点。每个对象方法的主函数格式如下。

```
main(参数列表)
{
    声明列表 可选
    语句列表 可选
}
```

### 2. 声明和类型

声明是为了指定一套标识符的含义及特性。如果在声明的同时还让推理机为以该标识符命名的对象分配存储空间，那么这种声明称为定义。ICL 声明的语法格式如下。

```
声明:
类型说明符 标识符列表;
标识符列表:
标识符
标识符列表,标识符
```

标识符列表中的声明包括正在命名的标识符，标识符列表是以逗号分隔的标识符序列，而标识符列表里的声明则必须有至少一个标识符。

### 3. 表达式和表达式的优先级

表达式是执行计算值和赋值行为组合的操作数和操作符序列。ICL 操作符的优先级和结合性会影响表达式中操作数的分组和求值。表 4-2 概括了 ICL 操作符的优先级和结合性，并且优先级是从高到低进行排列的。

表 4-2　ICL 操作符的优先级和结合性

| 符号 | 操作类型 | 结合性 |
| --- | --- | --- |
| ( ) | 表达式 | 从左往右 |
| +、-、! | 单目 | 从右往左 |
| *、/、% | 乘除类 | 从左往右 |
| +、- | 加减类 | 从左往右 |
| <、>、<=、>=、==、! =、&&、\|\| | 关系、等价、逻辑与、逻辑或 | 从左往右 |
| = | 赋值 | 从右往左 |

当几个相同优先级的操作符出现在一个表达式的同一级中时，求值会根据操作符的结合性进行计算，从左往右或从右往左。求值方向不影响在同一级中包括多个乘（*）

或加（＋）操作符的表达式的结果。

### 4. 函数与 ICL 函数库

设计一个函数通常是为了完成特定的任务，一般从函数名能看出它所要完成的任务。函数必须要有一个定义，即包含函数头和函数体。函数体是函数被调用时的代码执行部分。由于函数定义包括有参数类型和个数的信息，因此函数的定义也是一个形式定义。

运用 ICL 函数库可以实现诸多功能，如数据类型转换、图表/图像的演示、黑板存取、文件操作、网络通信、推理控制和知识库存取等。

## 4.7 专家系统的建立

在过去的几十年中，虽然优秀的专家系统层出不穷，产生了巨大的经济效益和社会影响，但是在理论上和开发技术上都还存在许多待解决的问题，只有通过不断地探索、实践、创新及总结，才能使专家系统日臻完善。专家系统是一种复杂的计算机智能软件，所以它的开发遵循一般软件的开发规范，但由于专家系统是特殊的基于知识的软件系统，因此它还有很多区别于一般软件开发的特点。

### 4.7.1 专家系统的设计原则

为了设计、构建高效且实用的专家系统，应该遵循以下几个设计原则。

#### 1. 恰当地规划求解问题的领域

建立专家系统之前，首先要确定所面向的问题领域。问题领域不能过于狭窄，否则系统求解问题的能力较弱且没有实用性；但也不能太宽，否则涉及的知识太多，导致知识库过于庞大，这样不仅不能保证知识的质量，而且还会影响系统的运行效率，难以维护和管理。

#### 2. 获取完整的知识体系

高效、实用的专家系统内部必须有完备的知识和知识体系。所谓完备的知识，是指知识数量能满足问题求解的需要，质量上保证知识的一致性及完整性等。为此，除了知识工程师与领域专家合力协作，建立初始的知识库外，还应使系统在运行过程中具有获取知识以及对知识进行动态检测和及时修正错误的能力。

#### 3. 知识库与推理机分离

专家系统区别于一般程序的重要特征就是知识库与推理机分离。该特征既可以方便对知识库进行维护和管理，还可以把推理机设计得更灵活，不仅可以做正向推理，还可以做逆向推理，乃至正、逆向混合推理。

#### 4. 选择、设计合适的知识表示模式

不同领域的问题一般都有各自的特点，所以就要用相应的表示模式表现其领域的知识。因此，在选择或设计知识表示模式时，要充分考虑领域问题的特点，使之将领域知识充分地表达出来。另外，要高效地对领域问题展开求解，应该把知识表示模式与推理

模型结合起来统一考虑。

**5. 推理应能模拟领域专家求解问题的思维过程**

领域专家除了具有丰富的领域知识外，通常还有一套独特的思维方式，能够解决普通人难以解决的问题。为了使专家系统像领域专家一样工作，除了拥有专家的知识外，还应该模拟出专家求解问题的思维方式，像专家那样利用知识进行思维判断，一步步求得问题的解。

**6. 建立友好的交互环境**

专家系统建成之后是要给用户使用的，而一般的用户可能对计算机不太熟悉。若专家系统不能提供方便易学的使用方法，就难以被用户接受，进而不能充分发挥专家系统的作用并产生效益。因此，在建立专家系统时，要充分了解未来用户的实际需求情况、知识水平，再建立适合用户进行人机交互的友好接口。

**7. 渐增式的开发策略**

专家系统是一种比较复杂的计算机程序，一般需要多人协作再经过多年的开发才能使它成为真正实用的系统。原因有三，一是系统本身就比较复杂，工作量较大；二是其所设计的知识表示模式及推理机模型不一定完全符合领域问题的实际情况，需要边建立、边验证、边修正，这也是最重要的原因；三是参加专家系统开发的人员结构比较复杂，有领域专家、知识工程师及用户等，这就存在如何协调关系、密切合作等问题。鉴于这些原因，专家系统的开发过程通常采用渐增式的开发策略。先建立一个专家系统原型，对系统采用的各种技术进行试验，在取得经验的基础上再进行扩展，实现实用的专家系统。

### 4.7.2 专家系统的开发步骤

成功地开发一个专家系统必须要求领域专家、知识工程师和用户的紧密配合。用户提供需求，领域专家提供知识和求解方法，知识工程师从专家那里获得知识和求解方法，并将其转换到计算机上，其过程如图 4.14 所示。

图 4.14　专家系统的开发过程

专家系统开发的生命周期与一般计算机软件的生命周期类似。根据不同用户的开发习惯，对专家系统开发过程的划分略有不同。有人将其划分为需求分析、概念设计、功能设计、结构设计、知识获取和表示、系统实现、测试与维护等阶段；也有人将其简单划分为问题确定、概念化、形式化、实现和测试等阶段。无论采用何种开发步骤或划分成几个阶段，知识获取和知识的形式化均是开发中的难点和瓶颈。如图 4.15 所示，将专家系统的开发划分为五个阶段，下面对此进行讨论。

（1）问题调研。知识工程师通过与领域专家和用户的沟通，对用户的需求请专家分析，包括问题难度与范围、问题类型、专家知识的可获取性、预期效益等，并确定领域

图 4.15 专家系统开发的 5 个阶段

的知识结构，以及开发所需的各种资源。

（2）概念分析和结构功能设计。把问题求解所需的各种专门知识概念化，确定概念之间的关系，并对任务进行划分，确定出求解问题的控制流及约束条件。建立问题求解模型和系统所需的基本功能，确定系统的体系结构、数据结构、推理规则和控制策略等。

（3）系统实现。它依赖于硬件环境，主要是编码和调试，也就是把建立的形式化模型映射到具体的计算机环境中，最终生成可执行的计算机程序。

（4）测试与维护。运行大量的实例，检测原型系统的正确性及系统性能等各种目标是否达到。通过测试，对反馈信息进行分析，并进行必要的修改。

专家系统的开发类似于传统软件开发的瀑布模型，也是各阶段逐级深化，不断完善系统，直到实现最终目标。

### 4.7.3 专家系统的评价

专家系统建立之后，其性能和效益是否达到人们的预期，往往需要对其进行评价才能给出相应的结论。对专家系统进行评价是贯穿于整个开发过程的一项工作。在专家系统建立的初始阶段所进行的评价可以是非正式的。一般来说，专家系统的原型建立后，评价工作就必须随之进行，最后利用评价所收集到的数据和结果改进系统，而且每当系统升级一个版本时，都要对其进行评价。在系统全部完成后，准备投入实际运行之前，还应该对整个系统做最后的评价。

专家系统的评价绝非易事。目前，就如何评价一个专家系统尚未有统一的标准。下面结合一些国内外的文献，从评价方法和评价内容两个方面来讨论专家系统的评价问题。

#### 1. 评价方法

评价一个专家系统，类似于评价一个人水平的高低，是一个比较困难的事情。不同的评价者给出的评价结果可能大相径庭。下面是在评价专家系统时常用的方法。

（1）"轶事"评价法。这种方法是利用一些简单的、具有启发性的或者能说明问题的典型例子来对系统的性能展开说明，向人们证明系统的工作性能良好。这有点类似于在日常生活中对某人的水平进行评价所使用的方法。例如，想知道李医生的医术较高，但又无法给出准确的评价，这时可以通过李医生治好的病例来证明，这种侧面推理的方法只是通过一些典型例子来说明系统工作良好，但是对于例子以外的其他状况系统能否很好地工作并不知道。

（2）实验的方法。这种方法要求利用实验来评价专家系统在处理存储于数据库中的各种问题实例时所表现出的性能。在使用这种方法对系统进行评价时，必须制定一个严格的实验过程，以便把专家系统产生的解释和对应实例的实际解释进行比较。这种方法

看上去比"轶事"评价法优越，但实现起来较难，而且在获取数据库中有代表性的实例时，也常常会遇到困难。例如，在医学领域，对于普通的病例，要收集较多的实例还是很容易的，但是对于那些罕见的疾病，要想收集足够多的、有代表性的实例就很困难，当然也就无法进行专家系统的实验结果与实际诊断结果比较这一步骤。

**2. 评价内容**

对专家系统的评价可以从专家系统的设计目标、结构、性能及实用性等方面来进行，其主要内容包括以下几项。

（1）知识库中的知识是否完备，即知识库中是否具有求解领域问题的全部正确知识，知识库中知识的一致性和完整性是否满足要求。

（2）知识的表示方法与组织方法是否恰当，包括知识的表达方式是否合适，组织方式是否合理。知识的表达方式要有利于提高搜索和推理的效率，并能合理地表示那些具有不确定性的知识；知识的组织方式也要有利于搜索和推理的效率，并有利于对知识的维护与管理。

（3）系统的推理是否正确。衡量系统推理结果的标准是准确率和符合率。准确率是系统推出的结论与客观实际的符合程度；而符合率则是系统推出的结论与专家所得结论的符合程度。这种评价主要是通过判断系统在解决各种问题时能否给出正确答案，即结果的准确率和符合率来实现的。

（4）系统的解释功能是否完全合理。这主要是看系统能否根据用户的需要对结果等提供令人满意的解释，它也是帮助系统调试的辅助工具。

（5）用户界面，包括用户界面是否友好、使用是否方便、能否满足用户的需求等。

（6）系统的效率，包括解题效率是否达到所期望的高度，系统的反应速度是否满足用户的要求等。

（7）系统的可维护性能，包括系统是否便于检测，它的可扩展性和可移植性如何等。

（8）系统的效益，包括系统的经济效益和社会效益两个方面，有时候某些系统虽然在大体上带来的经济效益一般，但是却有较大的社会效益，或者对人工智能的研究发展具有推动作用。

## 4.8　新型专家系统

近年来，在讨论专家系统的利与弊时，有些人工智能学者认为，专家系统同步出来的知识库思想是很重要的，它不仅能促进人工智能的发展，而且对整个计算机科学技术的繁荣影响甚大。不过，基于规则的知识库思想却限制了专家系统的进一步发展。

专家系统的发展与壮大不仅要采用各式各样的定型模型，而且还要运用人工智能和计算机技术的一些新思想、新技术，如分布式、协同式和学习机制等。

### 4.8.1　新型专家系统的特征

新型专家系统具有以下特征。

**1. 并行与分布处理**

基于并行算法，采用并行推理技术和执行技术，适合在多处理器的硬件环境中工作，即具有分步处理的功能，这是新型专家系统的一个特征。系统中的多处理器应该能同步地并行工作，但最重要的是，它还应能进行异步并行处理。可以按数据驱动或要求驱动的方式实现分布在各处理器上的专家系统的各部分间的通信和同步。专家系统的分布处理特征要求专家系统做到功能合理且均衡，其着眼点主要在于提高系统的处理效率和可靠性等。

### 2. 多专家系统协同工作

为了拓展专家系统解决问题的领域或使一些相互关联的领域的问题能用一个系统来解决，从而提出了协同式专家系统（Cooperative Expert System）的概念。在这种系统中，有多个子专家系统协同合作。各个子专家系统间可以相互通信，一个（或多个）子专家系统的输出可能就是另一个子专家系统的输入，有些子专家系统的输出还可作为反馈信息输入到自身或其先前系统中去，经过迭代求得某种"稳定"状态。多专家系统的协同合作自然也可在分布的环境中工作，但其聚焦点主要在于通过多个子专家系统协同工作进而扩大整体专家系统的解题能力，而不像分布处理特征那样主要是为了提高系统的处理效率。

### 3. 高级语言和知识语言描述

为了建立专家系统，知识工程师只需用一种高级的专家系统描述性语言对系统进行功能、性能及接口描述，并用知识表示语言展现领域内的知识，生成的系统就能自动或半自动地创造出所要的专家系统。

### 4. 具有自学习机制

新型专家系统应该具有高级的知识获取和学习功能，还应提供好用的知识获取工具，从而突破知识获取这个"瓶颈"问题。创新的专家系统还要根据知识库中已有的知识和用户对系统提问的动态应答，进行推理以获得新的知识，最后总结经验来扩充和完善知识库，这就是所谓的自学习机制。

### 5. 引入新的推理机制

当前，大部分专家系统只能进行演绎推理。而新型专家系统还能进行归纳推理（如联想、类比等推理）、各种非标准逻辑推理（如非单调逻辑推理、加权逻辑推理等），以及各种基于不完全知识和模糊知识的推理等，在推理机上应有一个突破。

### 6. 具有自我纠错和自我完善能力

为了纠错，首先必须有识别错误的能力；为了完善，首先必须有鉴别优劣的标准。有了这种能力和标准之后，随着时间的推移和反复不断地运行，专家系统就能不断地自我完善，使自己的知识库越来越丰富。

### 7. 先进的智能人机接口

理解自然语言，实现语音、文字、图像的直接输入输出是现今人们对智能计算机提出的要求，也是对新型专家系统的期望。这一方面需要有力的硬件支持，另一方面也需要有先进的软件技术。

### 4.8.2 分布式专家系统

分布式专家系统具有分布处理的特征，是把一个专家系统的功能分解到各个处理机上并行工作，以提高专家系统的效率，缩短问题的求解时间。它可以工作在紧耦合的多处理器系统环境中，也可以工作在松耦合的计算机网络环境里，所以其总体结构在很大程度上取决于其所在的硬件环境。为了设计和实现一个分布式专家系统，一般需要解决下述问题。

**1. 功能分布**

功能分布主要是把系统功能分解为多个子功能，并均匀地分配到各个处理节点上。每个节点上实现一个或两个功能，各节点结合在一起作为一个整体完成所分配的任务。处理任务划得越细，节点数越多，每个节点所处理分解任务的时间就越短，而各节点之间通信的开销就越大；反之，节点越少，节点之间通信的开销就越少，而节点本身完成推理求解的时间将会越多。因此，在考虑任务分解时需要兼顾粒度的大小和通信的开销。

**2. 知识分布**

根据功能分布的情况把有关知识经合理划分后分配到各处理节点上。一方面要尽量减少知识的冗余，以避免可能引起的知识的不一致性；另一方面又需要有一定的冗余，以求处理的方便性和系统的可靠性。

**3. 接口设计**

各部分之间的接口设计目的是在能保证完成总任务的前提下，尽可能使各部分之间互相独立，各部分之间的联系越少越好。

**4. 系统结构**

这项工作一方面依赖于应用的环境与性质；另一方面依赖于其所处的硬件环境。

如果领域问题本身就具有层次性，这时系统的最适宜结构就是树形的层次结构。这样，系统的功能分配与知识分配就显得很自然得体，而且也符合分层管理和分级安全保密的原则。当同级模块之间需要讨论问题或解决分歧时，都通过它们的直接上级进行。下级服从上级，上级对下级具有控制权，这就是各模块集成为系统的组织原则。

对星形结构的系统，中心与外围节点之间的关系可以不是上下级关系，把中心设计成一个公用的知识库和可供进行问题讨论的"黑板"（或公用邮箱），外围节点既可在"黑板"上发表各种消息或意见，也可从"黑板"上提取各种信息。

如果系统的节点分布在一个互相距离并不是很远的区域内，而节点上用户之间的独立性较大且使用权相当，则把系统设计成总线结构或环形结构是比较合适的。各节点之间可以通过互传消息的方式讨论问题或请求帮助（协助），最终的裁决权仍在本节点。因此这种结构的各节点都有一个相对独立的系统，基本上可以独立工作，只在必要时请求其他节点的帮助或给予其他节点意见。这种结构没有"黑板"，要讨论问题比较困难。不过这时可以用广播式向其他节点发送消息来弥补这个缺陷。

根据具体的要求和存在的条件，系统也可以是网状的，这时系统各模块之间采用消息传递的方法互相通信和合作。

5. 驱动分析

在分布式专家系统中，各个任务模块采用什么方式来驱动是非常重要的。常用的驱动方式有以下四种。

（1）控制驱动。即当需要某个任务模块工作时，直接将控制转到该模块，或将它作为一个过程直接调用。

（2）数据驱动。即任何一个子模块只要当它需要的所有输入数据均已具备后，就可以自动驱动工作。

（3）目标驱动。即从最顶层的目标开始逐层驱动下层的子目标。

（4）事件驱动。这是一个比数据驱动更为广义的概念。采用事件驱动方式时，各个模块都要规定使它开始工作所必需的一个事件集合。所谓事件驱动就是当且仅当模块的相应事件集合中所有事件都已发生时，才能驱动该模块开始工作；否则只要其中有一个事件尚未发生，模块就要等待，即使模块的输入数据已经全部齐备也不行。

## 4.8.3 协同式专家系统

协同式专家系统也称群专家系统，它能够综合若干相近领域或一个领域的多个方面的分专家系统，相互协作、共同解决一个更广领域的问题。协同式专家系统与分布式专家系统有相似性，但是协同式专家系统更强调各子专家系统之间的协作，它可以在同一个处理机上实现各子专家系统。

协同式专家系统旨在研究分散的、松耦合的一组知识处理实体或处理机节点进行问题求解的方法。这种知识处理实体称为智能体（Agent），每个智能体都具有自主性，并根据自己具有的知识和周围发生的事件进行推理、规划与通信。智能体之间彼此在逻辑上相互独立，通过共享知识和协同工作形成问题的解决方案。对于一个协同式专家系统来说，需要考虑多个智能体之间的协同方法、知识的组织分布、裁决方法、驱动方式及系统结构等方面的问题。

1. 任务的分解

根据领域知识，将确定的总任务合理地分解成几个分任务分别由几个分专家系统来完成。应该指出，这一步十分依赖领域问题，一般应由相关领域专家来讨论决定。

2. 公共知识的导出

把解决各分任务所需知识的公共部分分离出来形成一个公共知识库，供各子专家系统共享。对解决各分任务专用的知识分别存放在各子专家系统的专用知识库中。这种对知识有分有合的存放方式，既避免了知识的繁杂，也便于维护和修改。

3. 讨论方式

目前，很多研究者主张将"黑板"作为各分系统进行讨论的"园地"。这里的"黑板"，是指一个设在内存内可供各子系统随机存取的存储区。为了保证在多用户环境下

"黑板"中数据或信息的一致性,需要采用一些管理数据库的手段,因此"黑板"有时也称中间数据库。

有了"黑板"以后,一方面,各子系统可以随时从"黑板"上了解其他子系统对某问题的意见,获取它所需要的各种信息;另一方面,各子系统也可以随时将自己的意见发表在"黑板"上,供其他专家系统参考,从而达到互相交流情况和讨论问题的目的。

4. 裁决问题

这个问题的解决办法往往十分依赖问题本身的性质。

(1)若问题是一个非选择题,则可采用表决法或少数服从多数法,即以多数专家系统的意见作为最终的裁决;或者采用加权平均法,即不同的分系统根据其对解决问题的权威程度给予不同的权重。

(2)若问题是一个评分问题,则可采用加权平均法、取中数法或最大密度法决定对系统的评分。

(3)若各分专家系统所解决的任务是互补的,则正好可以互相弥补各自的不足,互相配合起来解决问题。

5. 驱动方法

这个问题与分布数据库中要考虑的相应问题是一致的。尽管协同式专家系统的各子系统可能工作在同一个处理机上,但仍然有以什么方式将各子系统根据总的要求激活执行的问题,即所谓驱动方式问题。一般来说,分布式专家系统采用的几种驱动方式,协同式专家系统也是可用的。

### 4.8.4 基于免疫计算的专家系统

【专家谈:新型冠状病毒的来源】

免疫计算技术融入专家系统的设计,主要是为了增强专家系统的安全性、鲁棒性、免疫力和自然计算能力。如果说专家系统模仿的是人类专家,那么基于免疫计算的专家系统就是模仿人类的免疫系统。人离开了免疫系统,生命就会有危险。基于免疫计算的专家系统能提高专家系统的生存能力和应用范围,这无疑是一种新型的专家系统。

按照知识表示与推理的结构表示方法,基于免疫计算的专家系统可按图4.16所示的框图进行设计。

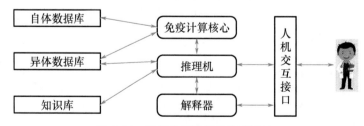

图 4.16 基于免疫计算的专家系统

基于免疫计算的专家系统包括自体数据库、异体数据库、知识库、免疫计算核心、推理机、解释器和人机交互接口等模块。用户通过人机交互接口与推理机进行专家咨询,遇到不理解的中间结果和推论时，用户可以从解释器获得帮助信息，辅助用户理解专家系统给出的建议。

【免疫力对新型
冠状病毒的作用】

在基于免疫计算的专家系统中，自体数据库用来存储这种专家系统中正常组件的时空属性集合。异体数据库用来存储各种已知计算机病毒和软件故障的特征信息，这些特征信息构成异体特征空间。知识库中存储专家的领域知识和规则，如智能教学助手的教学知识和评判规则等。免疫计算核心具备正常模型构建、自体/异体检测、已知异体识别、未知异体学习、异体消除、受损系统修复等功能。推理机能根据知识库的专家经验和规则进行推理，推导出新的事实和规则。解释器对推导过程和免疫计算过程进行解释，帮助用户理解并接受结果。

基于免疫计算的专家系统除了具备传统专家系统的功能和用途之外，还具有正常模型构建、已知异体识别、未知异体学习、软件故障检测与修复、重构等功能，其用途能扩展到网络安全、机器学习、模式识别等领域。

智能教学助手就是一种基于免疫计算的专家系统，它用来辅助教学人工智能、免疫计算和智能控制课程。一方面，免疫计算知识和相关案例都是这个智能教学助手所辅助教学的内容；另一方面，这个智能教学助手也用免疫计算技术构建了专家系统的正常模型、自体/异体检测模块、异体识别与学习模块、异体消除模块和受损系统修复模块等，因此，具有一定的免疫力和网络安全维护功能。

# 本章小结

专家系统是一种具有专门知识和经验的计算机智能程序，通过对人类专家的问题求解能力的建模，采用人工智能中的知识表示和知识推理技术来模拟通常由专家才能解决的复杂问题，达到与人类专家同等解决问题的能力水平。本章首先讨论了专家系统的基本概念、基本结构、特征、类型，以及与常规计算机程序的区别等内容。

20世纪70年代，为了适应专家系统发展的需要，知识工程应运而生。知识工程是一门以知识为研究对象的学科，它将具体智能系统研究中那些共同的基本问题抽取出来，作为知识工程的核心内容，使之成为指导具体研制各种智能系统的一般方法和基本工具，成为一门具有方法论意义的科学。在知识工程的推动下，涌现出不少专家系统开发工具。本章主要介绍了CLIPS、JESS和OKPS。

随着互联网技术的快速发展，在传统的基于规则的专家系统的基础上涌现出一些新型专家系统。例如，基于神经网络模型的专家系统、基于互联网的专家系统和基于免疫计算的专家系统等。近些年来专家系统技术日渐成熟，广泛应用于工程、科学、医药、军事等领域，而且成果相当丰硕，甚至在某些应用领域超过了人类专家的判断与推测。在未来的发展中，专家系统应该朝着更为专业化的方向发展，针对具体方向性的需求提供特定对应的模型与产品，如基于因果有向图的故障诊断模型、流程处理模型等。

专家系统的开发既要遵循一般软件的开发规范，同时还要考虑知识工程的特点。因此本章还讨论了专家系统的设计原则、开发步骤及专家系统的评估等内容。

# 习 题

1. 什么是专家系统？它有哪些特征？

2. 与传统程序相比，专家系统有哪些优势？它们的区别是什么？

3. 专家系统有哪些类型？分别有什么特点？

4. 专家系统开发工具有哪几类？各有哪些优缺点？

5. 专家系统的基本结构包括哪些部分？每一部分的主要功能是什么？

6. 给出 MYCIN 专家系统的信息流和推理过程。

7. CLIPS 是怎么描述事实和规则的？

8. 用 JESS 构造求解野人与传教士过河问题的专家系统。

9. 专家系统的设计原则是什么？

10. 什么是新型专家系统？它有哪些特征？

11. 为什么说 OKPS 是面向对象的专家系统开发工具？试用推理控制语言构造一个简单的知识库。

【第 4 章　在线题库】

# 第5章

# 智能机器人

智能机器人是 20 世纪人类最伟大的发明之一，自 20 世纪 60 年代初问世以来，经历了多年的发展，已经取得了显著的成果，对社会生产力的发展，人类生活、工作、思维都产生了巨大的影响。本章主要介绍智能机器人的体系结构、视觉系统、规划系统，简要介绍情感机器人、教育机器人和服务机器人，最后分析了未来智能机器人的发展趋势。

教学目标

➤ 了解什么是智能机器人；
➤ 掌握智能机器人的体系结构；
➤ 掌握智能机器人的视觉系统、规划系统；
➤ 了解情感机器人、教育机器人、服务机器人；
➤ 了解智能机器人的发展趋势。

教学要求

| 知识要点 | 能力要求 | 相关知识 |
| --- | --- | --- |
| 智能机器人概述 | （1）掌握智能机器人的特点；<br>（2）了解智能机器人的分类 | 智能机器人的由来 |
| 智能机器人的体系结构 | （1）了解智能机器人的体系结构；<br>（2）掌握七种体系结构的原理和特点 | 分层递阶结构<br>自组织结构<br>社会机器人结构 |
| 机器人视觉系统 | （1）了解机器人视觉系统的发展历史；<br>（2）掌握视觉系统的特点、功能和应用 | 图像检测 |
| 机器人规划系统 | （1）了解机器人规划系统的基本构成；<br>（2）掌握轨迹规划的常用办法 | 路径规划<br>无人驾驶系统 |

续表

| 知识要点 | 能力要求 | 相关知识 |
|---|---|---|
| 情感机器人 | (1) 了解情感机器人的表述方式;<br>(2) 了解情感机器人的发展历史和理论障碍;<br>(3) 了解情感机器人的影响 | 人工情感理论 |
| 教育机器人 | (1) 了解机器人在教育领域的应用;<br>(2) 掌握教育机器人的发展目标和发展趋势 | 语音识别<br>仿生科技 |
| 服务机器人 | (1) 了解服务机器人的特点;<br>(2) 掌握服务机器人的发展目标和发展趋势 | 纳米仿生<br>传感交互 |
| 智能机器人的应用 | 了解机器人应用的类型 | 军用机器人<br>民用机器人<br>机器人世界杯 |
| 智能机器人的发展趋势 | (1) 了解智能机器人的关键技术;<br>(2) 掌握智能机器人的发展趋势 | 多传感信息耦合技术 |

 思维导图

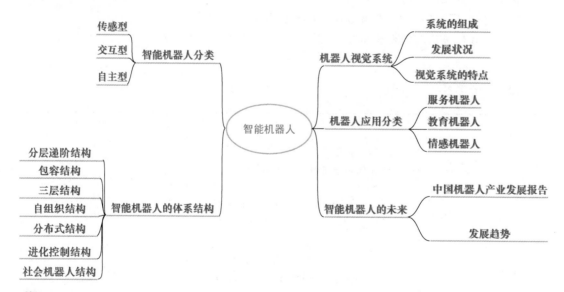

推荐阅读资料

1. 蔡自兴, 周翔, 李枚毅, 等. 基于功能/行为集成的自主式移动机器人进化控制体

系结构［J］.机器人，2000（03）：169-175.

2.刘海波，顾国昌，沈晶.基于Agent面向群体合作的AUV体系结构［J］.机器人，2005（01）：1-5.

3.史忠植.人工智能［M］.北京：机械工业出版社.2016.

 **基本概念**

  智能机器人是一种具有感知、思维和行动的复杂机器系统，能够自主获取、处理、识别各种传感信息，并自主完成各种复杂的操作任务。智能机器人制造技术涉及的学科领域包括传感器技术、人工智能技术、计算机控制技术、通信技术及机械传动技术等。作为一种具有智能的机器系统，智能机器人在服务行业和制造行业发挥着越来越重要的作用。

 **引例 1**：服务机器人

  人工智能技术创新日益活跃，发展迅猛，极大地便利了人们的生活。并且正潜移默化地改变着人们的生活习惯。

  餐饮业利用服务机器人（见图5.1）为顾客提供便捷的递餐、递水服务。这种机器人可以像服务生一样送酒水给顾客。需要时触摸一下，即碰即停；不需要时，它就载着酒水，在场地巡游。不用担心它会撞到顾客或柱子，因为它有三种高度防撞传感器，包括视觉传感器、超声波雷达和激光雷达。因此它就像长了眼睛一样，不仅行走安全可靠，甚至还能自己坐电梯去该去的楼层。

图 5.1 服务机器人

 **引例 2**：智能教育机器人

  智能教育机器人（见图5.2），分别针对不同年龄段的儿童，肩负起陪伴、看护的责任，有针对性地解决幼儿看护难、陪伴难的问题。除了智能交互，安全也是其主打功能。智能教育机器人会自动过滤掉不良信息，保证孩子的身心健康。同时，为了拉近孩子与

父母之间的距离，父母可以在移动端的 App 上与孩子进行交流。

图 5.2　智能教育机器人

 **引例 3**：情感机器人

Pepper 是日本研发的一款情感机器人（见图 5.3），它内置"情感引擎"，能够阅读分析人类的面部表情、语音、语调、讲话内容，进而"读懂"人类当前的情绪，从而灵活应对各种情况。例如，主人一脸沮丧地回到家中，Pepper 就会为主人播放最爱的歌曲。正如研发者孙正义在新闻发布会中所说的："Pepper 机器人就是要让用户感觉更加快乐，并最大程度降低悲伤的情绪。"

图 5.3　情感机器人

## 5.1　智能机器人概述

中国从 20 世纪 70 年代开始进行机器人技术的研究，到了 80 年代相继成立了一些相关的组织和机构，在国家"863"计划中对机器人的发展目标进行了详细的规划。20 世纪

90年代一些国产机器人被研制出来。进入21世纪后，在"十五"期间，国家对机器人发展计划做出了调整，从一般机器人技术研发向自动化方向发展，"十一五"期间，国家重点开展了对机器人共性技术的研究。"十二五"期间，重点关注机器人产业链的发展，"十三五"期间专注机器人的顶层设计。在国务院发布的《中国制造2025》中把机器人技术作为重点项目，并出台了相关机器人的产业发展规划。机器人技术的迅猛发展，必将对社会生产力的发展，人类生活、工作及思维方式产生不可估量的影响。

【智能机器人概述】

## 5.1.1　智能机器人的特点

智能机器人是一种具有智能的、高度灵活的、自动化的机器，具备感知、规划、动作和协同等能力，是多种高新技术的集成体。智能机器人是将体力劳动和智力劳动高度结合的产物，构建"能"思维的人造机器。未来高级智能机器人具备外形酷似人、动作灵活多样、语言沟通流畅、逻辑分析严密、功能实用多样、复原简单快捷、能量安全持续七大特点。

### 发现故事1：机器人名称的由来和机器人三定律

1920年，捷克作家卡佩克（K. Capek）发表了科幻剧本《罗萨姆的万能机器人》，robot最早出现在该剧本中，这个词源于捷克语的robota，意思是苦力，之后被欧洲各国语言吸收成为专用的名词。

1950年，美国科幻作家阿西莫夫（I. Asimov）提出了机器人三定律。

（1）机器人不应伤害人类。

（2）机器人应遵守人类的指令，与第一条违背的命令除外。

（3）机器人应能保护自己，与第一条相抵触的除外。

## 5.1.2　智能机器人的分类

到目前为止，还没有一个统一的关于智能机器人定义。大多数专家认为智能机器人至少要具备以下三个要素：一是感觉要素，用来认识周围环境状态；二是运动要素，对外界做出反应性动作；三是思考要素，根据感觉要素所得到的信息，思考出采用什么样的动作。感觉要素包括能感知视觉、接近、距离等的非接触型传感器和能感知力度、压觉、触觉等的接触型传感器。这些功能实质上就相当于人的眼、鼻、耳等五官，它们的功能

【智能机器人的分类】

可以利用诸如摄像机、图像传感器、超声波传感器、激光器、导电橡胶、压电元件、气动元件、行程开关等机电元器件来实现。

对运动要素来说，智能机器人需要有一个无轨道型的移动机构，以适应诸如平地、台阶、墙壁、楼梯、坡道等不同的地理环境。它们的功能可以借助轮子、履带、支脚、吸盘、气垫等移动机构来完成。在运动过程中要对移动机构进行实时控制，这种控制不仅要包括有位置控制，而且还要有力度控制、位置与力度混合控制、伸缩率控制等。

智能机器人的思考要素是三个要素中最关键的，也是人们要赋予智能机器人必备的要素。思考要素包括判断、逻辑分析、理解等方面的智力活动。这些智力活动实质上是

一个信息处理过程，而计算机则是完成这个处理过程的主要手段。智能机器人根据其智能程度的不同，可分为传感型、交互型和自主型三种。

## 1. 传感型机器人

传感型机器人又称外部受控机器人，如图 5.4 所示。机器人的本体上没有智能单元，只有执行机构和感应机构，它具有利用传感信息进行传感信息处理，实现控制与操作的能力。

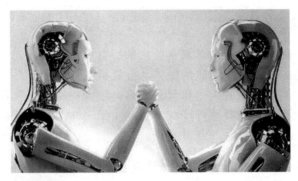

图 5.4　传感型机器人

传感型机器人受控于外部计算机，在外部计算机上具有智能处理单元，处理由受控机器人采集的各种信息以及机器人本身的各种姿态和轨迹等信息，然后发出控制指令指挥机器人的动作。目前，机器人世界杯的小型组比赛使用的机器人就属于这一类型。

## 2. 交互型机器人

交互型机器人通过计算机系统与操作员或程序员进行人-机对话，实现对机器人的控制与操作。虽然它具有了部分处理和决策功能，能够独立地实现一些诸如轨迹规划、简单的避障等功能，但是还要受到外部的控制。

图 5.5 是智能奶茶店的一个交互型机器人，顾客既可以在计算机屏幕上直接点单，也可以直接与机器人进行语音交互点单。

图 5.5　交互型机器人

## 3. 自主型机器人

自主型机器人（见图 5.6）的本体具有感知、处理、决策、执行等模块，可以像一个自主的人一样独立地活动和处理问题。机器人世界杯的中型组比赛使用的机器人就属于这一类型。自主型机器人的最重要的特点在于它的自主性和适应性。自主性是指它可以在一定的环境中，不依赖任何外部控制，完全自主地执行一定的任务；适应性是指它可以实时识别和测量周围的物体，根据环境的变化，调节自身的参数，调整动作策略及处理紧急情况。

图 5.6　自主型机器人

交互性也是自主型机器人的一个重要特点，它可以与人、外部环境及其他机器人进行信息的交流。因为自主型机器人涉及诸如驱动器控制、传感器数据融合、图像处理、模式识别、神经网络等许多方面的研究，所以能够综合反映一个国家在制造业和人工智能等方面的水平。因此，许多国家都非常重视自主型机器人的研究。

## 5.1.3　智能机器人的研究现状

智能机器人的研究从 20 世纪 60 年代初开始，经过几十年的发展，目前，基于感觉控制的智能机器人（又称第二代机器人）已达到实际应用的阶段，基于知识控制的智能机器人（又称自主机器人或下一代机器人）也取得了较大进展，已研制出多种样机。

### 发现故事 2：最早的智能机器人 Shakey

1968—1972 年，美国斯坦福研究所（Stanford Research Institute，SRI）研制了移动式机器人 Shakey，这是首台采用了人工智能学的移动机器人。

Shakey 具备一定的人工智能，能够自主进行感知、环境建模、行为规划并执行任务（如寻找木箱并将其推到指定的位置）。它装有摄像机、三角法测距仪、碰撞传感器、驱动电机及编码器，并通过无线通信系统由两台计算机控制。

## 5.1.4　智能机器人的关键技术

### 1. 智能机器人架构

智能机器人主要由执行机构、驱动装置、传感装置、控制系统、智能系统及人机接口等几部分组成。以下分别对智能机器人的各组成部分进行分析介绍。

(1) 执行机构

机器人的执行机构为其结构本体，机器人的手臂通常采用空间开链连杆机构，其中运动副常称为关节。机器人的执行机构类型一般可分为：圆柱坐标式、直角坐标式、极坐标式和关节坐标式等。

(2) 驱动装置

在机器人控制系统发出相应的控制指令后，机器人驱动装置是用来驱使执行机构产生运动的装置，即驱动装置在动力元件的作用下，使机器人完成相对应的动作。驱动装置主要为采用电力驱动的装置，如伺服电机、步进电机等。另外，还有气动、液压等形式的驱动装置。

(3) 传感装置

机器人传感装置可分为：内部信息传感器与外部信息传感器两类。内部信息传感器主要负责对机器人内部各组成部件的工作状况进行检测；外部信息传感器主要负责对机器人的作业对象及外界环境的信息进行检测。通过内部信息传感器和外部信息传感器检测到的信息，机器人能够了解其内部运动、工作状况及外部工作环境的变化，反馈至控制系统进行分析比较，调整执行机构完成相应的动作，提高自适应能力及作业精度。

(4) 控制系统

机器人控制系统主要分为集中式控制与分散式控制两种方式。用一台计算机对机器人的全部动作进行控制称为集中式控制；用多台计算机对机器人的动作进行分级控制称为分散式控制，如主从结构的控制系统。主机主要用于系统的通信、管理、动力和运动计算、向从机发送相应的控制指令等。从机对应各关节的控制，进行伺服控制和插补运算处理等，实现某种特定运动，并向主机反馈相关信息。另外，根据不同作业任务的要求，机器人的控制方式还可分为连续轨迹控制、点位控制和力矩控制三种控制方式。

(5) 智能系统

智能系统是智能机器人具有完成类似人类智能的功能系统。智能机器人智能系统的主要特征为：其处理对象不仅限于特定数据，还有相关知识。也就是说，智能机器人具有知识获取、表示、处理和存取的能力，这也是智能机器人与第一代机器人之间最主要的区别。

智能系统是一个知识处理系统，主要由知识表示语言、知识组织工具、知识库的建立、知识库的维护与查询方法等部分组成，支持对现有知识的调用，也支持对新知识的获取。智能系统采用人工智能求解问题模式，与传统的求解问题模式之间有着明显区别，主要表现为：其问题求解算法通常为非确定型的或称启发式的；其问题求解主要依赖于知识库。智能系统常采用搜索、推理和规划三类问题求解方法。智能系统具有与现实世界的抽象进行交互的能力，包括学习、感知、判断和推理。

(6) 人机接口

通过智能人机接口系统，可实现人与机器人之间自然友善的信息交流。智能人机接口系统主要包含：自然语言人机对话，基于声、文、图形及图像等多媒体的人机交流，基于脑电波等生理信号的人机交流。

### 2. 关键技术

智能机器人能够融合多种传感器信息，对变化环境具有良好的自适应能力，具备较强的学习能力、自适应能力和自治能力。智能机器人涉及许多关键技术，这些技术直接关系到机器人智能化水平的高低。智能机器人的关键技术主要包括：多传感信息耦合技术、机器视觉技术、定位和导航技术、路径规划技术、智能控制技术及人机接口技术等。

多传感信息耦合技术是指智能机器人接收到多个传感器数据，经过信息融合处理后，排除一些不确定的因素，产生更加可靠、完善、精确的对象信息。机器视觉技术主要涉及图像的获取、图像的处理与分析、图像的可视化显示，其核心技术为对图像的特征提取、图像分割及图像的识别。智能机器人在自主的位移过程中，定位和导航技术至关重要。智能机器人通过定位和导航技术，对障碍物当前状态与位置进行精确定位与判定，以实现实时的局部避障及全局路径规划。智能机器人在自主位移过程中，通过路径规划技术，选择一条最佳的位移路径。基于某个特定的或多个路径优化准则，路径规划技术采用最优路径规划算法，在智能机器人的工作空间中，搜索出一条合理的、自始至终的、可避障的最优路径。智能控制技术通过优化控制算法，实现对机器人位移速度与运动精度的精确控制。人机接口技术主要是实现人与机器人方便、自然地交流与传递信息。

## 5.2　智能机器人的体系结构

智能机器人的体系结构指的是它的智能、行为、信息、控制的时空分布模式。体系结构是机器人本体的物理框架，是机器人智能的逻辑载体，选择和确定合适的体系结构是研究机器人的基本环节。

智能机器人的"大脑"也像人的大脑一样工作，先是通过传感器接收外部信息，经过控制器对信息进行一系列的分析，做出判断，最后通过执行装置完成相应的指令操作。图 5.7 所示为机器人和人的体系结构对比。

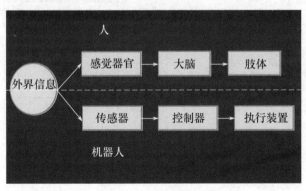

图 5.7　机器人和人的体系结构对比

按照智能、行为、信息、控制的分类标准，智能机器人有七种典型的体系结构，分别是分层递阶结构、包容结构、三层结构、自组织结构、分布式结构、进化控制结构和社会机器人结构。下面分别对这七种体系结构进行介绍。

【智能机器人
的系统构成】

### 1. 分层递阶结构

萨里迪斯（G. N. Saridis）于 1979 年提出分层递阶结构。其分层原则是，智能能力随着控制精度的提高而减弱。他根据这一原则把智能系统分为组织级、协调级和执行级，如图 5.8 所示。该结构是目标驱动的慎思结构，符号规划是核心，这一思想源于西蒙和纽厄尔的符号系统假说。分层递阶结构的两个典型的代表是 SPA 和 NASREM，其中 SPA 应用于第一个具有规划功能的移动机器人 Shakey。

分层递阶结构的智能分布在顶层，通过信息的逐层向下流动，间接地控制行为。该结构的规划推理能力很好，任务自上而下逐层分解，使得模块工作范围逐层缩小，问题求解精度逐层增高，较好地解决了智能和精度的关系。

不过分层递阶结构的反省性、系统可靠性和鲁棒性比较差。

### 2. 包容结构

布鲁克斯在 1986 年以移动机器人为背景，提出以行为划分层次和结构的思想。他相信机器人行为的复杂性反映了其所处环境的复杂性，于是提出了包容结构，如图 5.9 所示。在该结构中，每个控制层直接基于传感器的输入进行决策，能够在陌生的环境中进行操作。

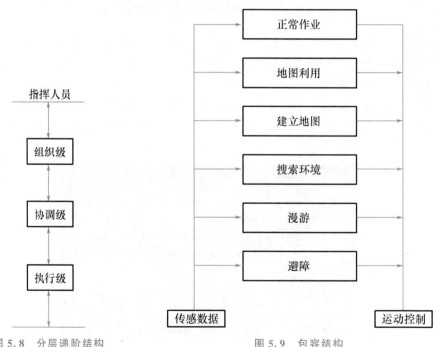

图 5.8　分层递阶结构　　　　图 5.9　包容结构

包容结构中没有环境模型，模块之间信息流的表示也很简单，反应性非常好，其灵活的反应行为体现了一定的智能特征。包容结构不存在中心控制，各层间的通信量极小，可扩充性好，多传感信息各层独自处理，提高了系统的可靠性。

不过包容结构过分强调单元的独立、平行工作，缺少全局的指导和协调，虽然在局部行动上显示出很灵活的反应能力，但对于长远的全局性的目标跟踪显得缺少主动性，目的性差，而且人的经验、启发性知识难以加入，限制了它对人类知识的应用。

### 3. 三层结构

三层结构由控制层、序列层和慎思层组成，如图 5.10 所示。该结构是分层递阶结构和包容结构的混合，既汲取了分层递阶结构的智能性，又保持了包容结构的灵活性。控制层直接处理传感信息，序列层负责维护状态信息，慎思层经过规划和推理，预测环境的未来，保证了智能机器人在时间维度上对环境的准确把握。它的不足之处是忽视了传感信息的融合、学习和环境建模（空间维）。

图 5.10 三层结构

### 4. 自组织结构

罗森布拉特在 1997 年针对移动机器人导航提出了自组织结构，如图 5.11 所示。自组结构是由一组分布式功能模块和一个集中命令仲裁器组成的。各功能模块基于领域知识通过规划或反应方式自主产生行为，由仲裁器产生一致的、理性的、目标导向的动作到控制器。

自组织结构的智能分布在其动态可变的结构中，突破了传统体系结构中功能分布模式固定的框架，具有良好的自适应和自组织性能，但是集中仲裁机制往往受信息流通和系统控制的限制。

### 5. 分布式结构

比亚乔（M. Piaggio）在 1998 年提出了一种 HEIR（Hybrid Experts in Intelligent Robots）的非层次结构，由符号组件（S）、图解组件（D）和反应组件（R）三个处理不同类型知识的部分组成，每个组件又是多个具有认知功能的专家组，各组件没有高低层次之分，各组件通过信息交换进行协调，如图 5.12 所示。

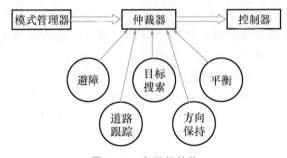

图 5.11 自组织结构

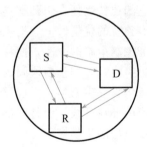

图 5.12 分布式结构

分布式结构突破了以往智能机器人体系结构中层次框架的分布模式，该结构中每个智能体都具有极大的自主性和良好的交互性，可以独立求解局部问题并与系统中其他智能体进行交互保持协调，从而使机器人系统的智能、行为、信息和控制的分布具有极大的灵活性和并行性。

但每个智能体对于要完成的任务所拥有的信息或能力不全面，缺乏系统的和宏观的问题求解观念，难以保证智能体成员之间及其与系统的目标、意愿和行为的一致性。分布式结构更多地适用于机器人群体，机器人单体采用分布式结构，要建立必要的集中机制。

6. 进化控制结构

进化控制结构是将进化计算理论和反馈控制理论相结合，形成了新的智能控制方法，即进化控制。它能很好地解决移动机器人的学习和适应能力方面的问题。2000 年，蔡自兴提出了基于功能/行为集成的自主式移动机器人进化控制结构，如图 5.13 所示。整个体系结构包括进化规划和行为控制两大模块。

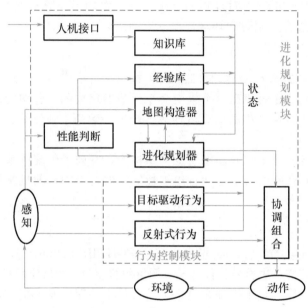

图 5.13　进化控制结构

它的独特之处在于其智能分布在进化规划过程中，进化计算在求解复杂问题优化解时具有独特的优越性。它提供了使移动机器人在复杂环境中寻找一种具有竞争力的优化结构和控制策略的方法，使移动机器人根据环境的特点和自身的目标自主地产生各种行为能力模块，并调整模块间的约束关系，从而展现出适应复杂环境的自主性。

近年来，生物学、心理学等理论成果不断引入，智能机器人的体系结构虽然还保留着原有的外在模式，但是内部机制正在发生深刻的变化，如 Sony 公司的 AIBO 机器狗控制系统所用的生物模型，引入了本能和情感因素。

7. 社会机器人体系结构

鲁尼（B. Rooney）在 1999 年根据社会智能假说提出了社会机器人体系结构。该机构由物理层、反应层、慎思层和社会层组成，如图 5.14 所示。其特色之处在于基于信念-愿望-意图（Belief-Desire-Intention，BDI）模型的慎思层及基于智能体通信语言 Teanga 的社会层，BDI 赋予了机器人心智状态，Teanga 赋予了机器人社会交互能力。

社会机器人体系结构采用智能体对机器人建模，能很好地描述智能机器人的智能、

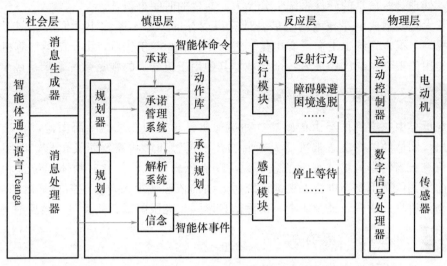

图 5.14 社会机器人体系结构

行为、信息、控制的时空分布模式，引入智能体理论可以对机器人的智能本质进行更加细致的刻画，对机器人的社会特性进行更好的封装。社会机器人结构继承了智能体的自主性、反应性、社会性、自发性和推理、学习能力等一系列良好的智能特性，对机器人内在的感性和理性，外在的交互性和协作性实现了物理上和逻辑上的统一。

## 5.3 机器人视觉系统

机器人视觉系统是指不仅要把视觉信息作为输入，而且要对这些信息进行处理，进而提取出有用的信息提供给机器人。

图 5.15 所示为机器人视觉系统的组成，可以看到，机器人视觉系统主要由光源和摄像机两部分组成。

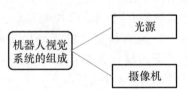

【机器人视觉系统】

图 5.15 机器人视觉系统的组成

### 5.3.1 机器人视觉技术的发展历程

目前的视觉技术已经能够让机器人识别人的手势和面部表情。从 20 世纪 60 年代开始，人们着手研究机器视觉系统。一开始，视觉系统只能识别平面上的类似积木的物体。到了 20 世纪 70 年代，视觉系统已经可以识别某些加工部件，也能识别室内的桌子、电话等物品。当时的研究工作虽然进展很快，但却无法应用于实际。这是因为视觉系统的信息

【机器视觉原理】

量极大，处理这些信息的硬件系统十分庞大，花费的时间也很长。

随着大规模集成电路技术的发展，计算机内存的体积不断缩小，价格急剧下降，速度不断提高，视觉系统也走向了实用化。进入 20 世纪 80 年代后，由于微型计算机的飞速发展，实用的视觉系统已经进入各个领域，其中用于机器人的视觉系统数量是最多的。

### 5.3.2　机器人视觉系统的特点

客观世界中三维物体经由传感器（如摄像机）转变为二维的平面图像，再经图像处理，输出该物体的图像。通常机器人判断物体的位置和形状需要两类信息，即距离信息和明暗信息。当然作为物体视觉信息来说，还有色彩信息，但它对物体的位置和形状识别不如前两类信息重要。机器人视觉系统对光线的依赖性很大，往往需要好的照明条件，以便使物体所形成的图像最为清晰，检测信息增强，克服阴影、低反差、镜反射等问题。

### 5.3.3　机器人视觉系统的功能

机器人视觉系统主要有以下五个功能。

（1）对给定大小、色彩模式等的图像和类似的图像范围进行检测或跟踪。

（2）利用多目视觉距离测量装置得到图像距离。

（3）利用时序图像，求图像内各个像素的运行状态（光流场）。

（4）由时序图像检测运动物体，并进行跟踪。

（5）根据图像处理的结果，改变摄像机的参数和方向，或者移动摄像机的整体位置，或者改善照明条件（主动视觉），以便获得更好的输入图像。

经过上述功能组合后的视觉系统，可以应用到检查、监视（对厂区内异常现象的监视或对室内外可疑人物的监视）、装配、加工、分类、移动（与地图的匹配或障碍物回避），以及对人的检查和识别等场合。

### 5.3.4　机器人视觉系统的应用

机器人视觉系统主要应用于以下几个方面。

（1）为机器人的动作控制提供视觉反馈。其功能为识别工件，确定工件的位置和方向，以及为机器人的运动轨迹的自适应控制提供视觉反馈。需要应用机器人视觉的操作包括：从传送带或送料箱中选取工件、制造过程中对工件或工具的管理和控制等。

【机器人视觉系统的应用】

（2）移动式机器人的视觉导航。这时机器人视觉的功能是利用视觉信息跟踪路径，检测障碍物及识别路标或环境，以确定机器人所在方位。

（3）代替或帮助人工对质量控制、安全检查等进行所需要的视觉检验。

## 5.4　机器人规划系统

机器人规划系统的基本任务是在特定时间和特定区域内，要求机器人自动生成从初始作业状态到目标状态的动作序列、运动路径和轨迹的控制程序。此外，监督、调整已知规划的实际执行也是机器人规划系统应该具备的功能。

机器人规划系统一般包括任务规划和运动规划两级不同规划问题的子系统。任务规划子系统根据任务命令,自动生成完成该任务的机器人执行程序。运动规划子系统调用工作区模型和机器人模型信息,首先将任务规划的结果变成一个无碰撞的机器人运动路径,即路径规划;然后把路径变为操作器各关节点的空间坐标,形成运动轨迹,即轨迹规划。任务规划旨在产生动作序列,运动规划的目的是设计空间路径,二者在应用过程中相互联系,不可分割。

### 1. 空间路径规划

当机器人的手、臂或本体穿梭于存在障碍的外在环境去达到某个目标位置时,就需要在空间确定一条无碰撞的穿行路径,这就是空间路径规划问题,也叫无碰路径规划问题。与路径规划有所不同,此时"规划"的含义实际上是求解带有约束的几何问题,而不是操作序列或行为步骤。如果把运动物体看作要研究的问题的某种状态,把障碍物看成要研究的问题的约束条件,而无碰路径则为满足约束条件的解,空间路径规划就是一种多约束问题的求解过程。

### 2. 轨迹规划

所谓轨迹,是指机器人在运动过程中的位移、速度和加速度,而轨迹规划是根据作业任务的要求,计算出预期的运动轨迹。

【机器人运动
规划——
轨迹规划】

机器人轨迹规划属于机器人低层规划,基本上不涉及人工智能问题,而是在机械手运动学和动力学的基础上,讨论机器人运动的规划及其方法。路径约束和障碍约束的组合把机器人的路径规划与控制方式划分为四类,如表5-1所示。

表 5-1 机器人的路径规划与控制方式

| 规 则 | | 障碍约束 | |
|---|---|---|---|
| | | 有 | 无 |
| 路径约束 | 有 | 离线无碰路径规划+在线路径跟踪 | 离线路径规划+在线路径跟踪 |
| | 无 | 位置控制+在线障碍探测和避障 | 位置控制 |

轨迹规划问题通常是将轨迹规划器看作一个"黑箱",接受表示路径约束的输入变量,输入变量包括路径设定和路径约束。输出为起点和终点之间按时间排列的操作机中间形态(位姿、速度和加速度)序列 $\{q(t), q'(t), q''(t)\}$ 和 $\{p(t), \varphi(t), v(t), \Omega(t)\}$,其框图如图5.16所示。

轨迹规划既可以在关节空间也可以在直角空间中进行,但是所规划的轨迹函数必须连续和平滑,使得操作臂平稳运动。在关节空间进行轨迹规划是指将关节变量表示成时间的函数,并规划它的一阶和二阶时间导数;在直角空间进行轨迹规划是指将手部位姿、速度和加速度表示为时间的函数,而相应的关节位移、

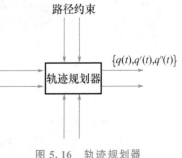

图 5.16 轨迹规划器

速度和加速度由手部的信息导出。

常用的轨迹规划方法有以下两种。

（1）要求用户对于选定的转变节点上的位姿、速度和加速度给出一组显式约束，轨迹规划器从这一类函数中选取参数化轨迹，对节点进行插值，并满足约束条件。

（2）要求用户给出运动路径的解析式，如直角坐标空间中的直线路径，轨迹规划器在关节空间或直角坐标空间中确定一条轨迹来逼近预定的路径。

第一种方法的路径约束的设定和轨迹规划均在关节空间进行，因此可能会与障碍物相碰。第二种方法的路径约束是在直角坐标空间中给定的，而关节驱动器是在关节空间中受控的。因此，为了得到与给定路径十分接近的轨迹，首先必须采用某种函数逼近的方法将直角坐标路径约束转化为关节坐标路径约束，然后确定满足关节路径约束的参数化路径。

## 5.5 情感机器人

### 5.5.1 概述

情感机器人是用人工的方法和技术赋予机器人以人类式的情感，使之具有表达、识别和理解喜怒哀乐，模仿、延伸和扩展人的情感的能力，如图 5.17 所示。关于情感机器人的理论就是人工情感理论，它有几种不同的表述方式，包括情感计算（Affective Computing）、人工心理（Artificial Psychology）和感性工学（Kansei Engineering）等。

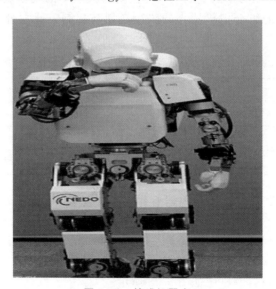

【情感机器人】

图 5.17　情感机器人

1. 情感计算

情感计算的概念是 1997 年美国麻省理工学院媒体实验室的皮卡德（P. W. Picard）教授提出的，她指出情感计算是与情感相关，来源于情感或能够对情感施加影响的计算。中国科学院自动化研究所的胡包刚等也通过自己的研究，提出了对情感计算的定义：情感计算的目的是通过赋予计算机识别、理解、表达和适应人的情感的能力来建立和谐人机环境，并使计算机具有更高的、全面的智能。

### 2. 人工心理

人工心理的理论是由北京科技大学教授、中国人工智能学会人工心理与人工情感专业委员会主任王志良教授提出的。他指出，人工心理就是利用信息科学的手段，对人的心理活动（着重指人的情感、意志、性格、创造）的更全面内容的再一次人工机器（计算机、模型算法等）模拟，其目的在于从心理学广义层次上研究人工情感、情绪与认知、动机与情绪的人工机器实现的问题。

### 3. 感性工学

日本从 20 世纪 90 年代就开始了对感性工学的研究。所谓感性工学，是将感性与工程结合起来的技术，是在感性科学的基础上，通过分析人类的感性，把人的感性需要加入商品设计和制造中去，它是一项从工程学的角度实现能给人类带来喜悦和满足的商品制造的科学技术。

## 5.5.2 情感机器人的发展历程

机器人技术的形成，归功于第二次世界大战中各国加强了经济的投入，由于人力的缺乏，战后的汽车工业、机械制造业等迫切需要一种机器来从事繁重的体力劳动，以提高生产效率，降低人的劳动强度。

机器人技术的发展主要基于两个目的：一是机器人可以干人不愿意干的事，从而把人从有毒的、有害的、高温的或危险的环境中解放出来；二是机器人可以干人不能干的事，许多高强度、高速度、高复杂性、高重复性的单调工作，人是无法适应的，一些太空领域、深海领域、恶劣环境领域和微观领域的工作，人也无法胜任。

机器人的发展大致可分以下四个阶段。

### 1. 第一代机器人：示教再现型机器人

1947 年，为了搬运和处理核燃料，美国橡树岭国家实验室研发了世界上第一台遥控机器人。1962 年，美国又研制成功了 PUMA 通用示教再现型机器人。这种机器人通过一台计算机来控制一个多自由度的机械装置，通过示教存储程序和信息，工作时把信息读取出来，然后发出指令，这样机器人可以重复地根据人当时示教的结果，再现这种动作。例如，对于汽车的点焊机器人，只要把点焊的过程示教完以后，它就可以重复这样一种工作。

### 2. 第二代机器人：感觉型机器人

示教再现型机器人对于外界的环境没有感知，操作力的大小、工件是否存在、焊接的好与坏，它并不知道。因此，在 20 世纪 70 年代后期，人们开始研究第二代机器人，称为感觉型机器人。这种机器人拥有类似人的某种感觉，如力觉、触觉、滑觉、视觉、听觉等，它能够通过感觉来感受和识别工件的形状、大小、颜色等。

### 3. 第三代机器人：情感识别与表达型机器人

20 世纪 90 年代，各国纷纷提出了情感计算、感性工学、人工情感与人工心理等理

论，为情感识别与表达型机器人的产生奠定了理论基础，主要的技术成果有：基于图像或视频的人脸表情识别技术；基于情景的情感手势、动作识别与理解技术；表情合成和情感表达方法和理论；情感手势、动作生成算法和模型；基于概率图模型的情感状态理解技术；情感测量和表示技术；情感交互设计和模型等。这种机器人能够比较逼真地模拟人的多种情感表达方式，能够较为准确地识别几种基本的情感模式。但是，这种机器人没有内在的情感逻辑系统，不能真正地进行情感思维与情感计算。

### 4. 第四代机器人：情感理解型机器人

经过二十多年的潜心研究，仇德辉创立了"统一价值论"与"数理情感学"，为情感理解型机器人的产生奠定了理论基础。"数理情感学"建立在"统一价值论"的基础之上，揭示了情感的哲学本质就是人脑对于事物价值特性的主观反映，情感的客观目的在于引导人如何正确地识别价值、消费价值、创造价值和表达价值。他首次提出了情感可以采用数学矩阵的方式来进行描述，推导出情感强度的三大定律，并采用数学的方式来定义和计算情感的八大动力特性。"数理情感学"详细阐述了情感与意志运行的内在逻辑及情感内部逻辑系统的基本结构，基本上解决了情感理解型机器人的主要理论问题。

### 5.5.3 情感机器人的理论障碍

人工情感包括三个方面：情感识别、情感表达与情感理解（或情感思维）。世界各国的科学家在情感识别与情感表达这两个方面所取得的成果非常显著，但在情感理解方面却收获甚微。其根本原因在于，到目前为止，没有一个科学家能够真正了解情感的哲学本质及客观目的是什么，没有创立一个全新的、科学的、数学化的情感理论，没有建立一个真正的情感的数学模型。

人工智能实际上只是人工认知，它是狭义的人工智能。知、情、意是人类三种基本的思维形式，那么广义的人工智能就应该包括人工认知、人工情感和人工意志三个方面。因此，要想由狭义的人工智能向广义的人工智能发展，就必须先解决一系列有关情感的基本理论问题：情感是什么，情感的客观目的是什么，认知与情感到底有何区别等。而这些深层次的理论问题是当今的哲学、思维科学、生命科学和心理学等都没能真正解决的。计算机的人工智能水平在经历了一段时间的突飞猛进之后，如今已经接近了它在理论上的发展极限。显然，不解决上述深层次的、哲学层面上的理论问题，不解决人工智能、人工情感和情感计算理论所存在的问题，要想研究真正意义上的情感机器人是不可能的。当前人工情感理论存在四个方面的严重缺陷。

### 1. 不了解情感的哲学本质

情感是人类的一种主观意识，它必然是人脑对于某一种客观存在的主观反映，这种客观存在就是价值（或利益）。情感与价值的关系就是主观与客观的关系，因此情感的哲学本质就是人脑对于事物价值特性的一种主观反映，情感的思维实际上就是人脑对于价值的思维，对于情感的计算实际上就是对于价值的计算。而许多人工情感的研究者总是试图通过测量和计算情感产生过程的各种生理指标（如心率、血压、脑电波、呼吸、瞳孔直径、激素分泌、血液成分等）的变化数据来确定情感强度的变化情况，研究情感的变化规律，其结果必然是在主观范围内绕圈子，在表面形式上循环。事实上，情感的感受强度、表达强度和生理唤醒指标这三个方面只是反映了情感在感受、作用和表达过程中所体现的生理指标，都属于情感的主观表现形式，而不是情感所反映的客观内容。情感所反映的客观内容就是主体所拥有的价值关系及其变化，对于情感表现形式所激发的生理指标的计算，只能反映情感的表面形式，而不能反映情感的客观内容。只有对情感所反映的客观内容——价值关系进行计算，才能客观地、准确地、全面地反映情感运行的真实状态。情感是人脑对于事物价值特征的主观反映，其客观目的在于引导人更好地识别价值、消费价值、创造价值和表达价值。因此，情感的识别实际上就是价值的识别；情感的表达实际上就是价值的表达；情感的计算实际上就是价值的计算。

### 2. 不了解情感的主要功能

目前，人工情感的研究将情感的功能局限于使机器更具有"人情味"、更友好、更容易形成自然而亲切的人机交互，营造和谐的人机环境。事实上，情感的功能远非如此。情感除了帮助建立机器人的人性化界面以外，还能够有效地提高思维的效率和速度，而且情感还有一个更重要的功能，那就是情感是人的行为灵活性、决策自主性和思维创造性的根本来源。智能机器人的主要缺陷在于，只能按照人预先编制的程序进行动作，不能自主地确立和调整价值目标，不能创造性地制定和修改总体规划及行为方案，不能总结经验和吸取教训。智能机器人一旦具有了情感，就能够以达到既定的意志目标为行为方向，以内设的价值观系统（或情感系统）、认知系统和意志系统为价值计算依据，以实现最大价值率为行为准则，建立一系列价值计算的函数关系式或约束方程式。再根据机器人所处的自然环境和人文社会环境确定若干个边界条件，选定情感和意志的动力特性参数，就可以主动地、创造性地调整整体规划、行为方案和具体动作。然后对行为的最终结果进行价值评价，以便及时地修正价值观系统（或情感系统）、认知系统和意志系统，达到总结经验和吸取教训的目的。

### 3. 不了解情感的逻辑程序

人工情感的研究者不真正了解情感运行的内在逻辑程序，只关注人在进行情感反应时各种生理指标的变化数据。事实上，人在进行情感表达、情感识别和情感思维过程中，遵循着特定的逻辑程序。情感表达的逻辑程序大致是，人通过感觉器官接收刺激信号，大脑会把以前存储在价值观系统中该事物的主观价值率提取出来，与自身的中值价值率进行比较、判断和计算。当前者大于后者时，就会在大脑中的边缘系统（该组织决定着情感的正负）的"奖励区域"产生正向的情感反应（如满意、自豪）；当前者小于后者时，就会在大脑中的边缘系统的"惩罚区域"产生负向的情感反应（如失望、惭愧）。然后大脑对价值的目标指向、变化方式、变化时态、对方的利益相关性等进行判断，从而确定和选择情感表达的基本模式。此外，情感识别、情感计算与情感调控也遵循着特定的逻辑程序。如果不了解情感运行的内在逻辑程序，就不可能研制出真正意义上的情感机器人。

### 4. 不了解情感的数学模型

人类的基本意识形式包括认知、情感与意志，虽然人们对人类的认知过程研究已经取得了一些成就，计算机已经能够较好地代替人脑进行各种抽象思维、逻辑推理和数学运算，但是对于人类的情感过程和意志过程的研究，却显得困难重重，目前尝试建立的

情感数学模型并不能很好地体现情感的数学变化规律。因此，要实现对情感的控制，必须先实现情感数字化，建立精准的情感数学模型。事实上，人的情感可以通过情感矩阵来进行描述，并可以进行情感的交集运算与并集运算，情感强度的变化有着特定的数学规律。情感是人脑对于事物价值特性的主观反映，虽然，事物的"价值率高差"在根本上决定着人的情感强度，但在一般情况下，情感的强度并不与事物的"价值率高差"成正比，而是一种特殊的指数函数关系。

### 5.5.4　情感机器人的发展状态

#### 1. 国外发展状态

日本已经形成举国研究感性工学的高潮。1996 年，日本文部省就以国家重点基金的方式开始支持"情感信息的信息学、心理学研究"的重大研究课题，参加该项目的有一些大学和研究单位，主要目的是把情感信息的研究从心理学角度过渡到心理学、信息科学等相关学科的交叉融合。从 1999 年开始，日本每年都会召开感性工学全国大会。与此同时，一向注重经济效益的日本，在感性工学产业化方面取得了很大成功。日本各大公司竞相开发、研究、生产所谓的个人机器人（Personal Robot）产品系列。其中，以 SONY 公司的 AIBO 机器狗以及 QRIO 型和 SDR-4X 型情感机器人为典型代表。日本新开发的情感机器人取名"小 IF"，可从对方的声音中发现感情的微妙变化，然后在对话时通过自己的表情变化来表达喜怒哀乐，还能通过对话模仿对方的性格和癖好。

美国麻省理工学院展开了对情感计算的研究，IBM 公司开始实施"蓝眼计划"和开发"情感鼠标"。2008 年 4 月，美国麻省理工学院的科学家展示了他们开发出的情感机器人 Nexi，该机器人不仅能理解人的语言，而且能够对不同情感含义的语言做出相应的喜怒哀乐反应，还能够通过转动和睁闭眼睛、皱眉、张嘴、打手势等形式表达其丰富的情感。这款机器人完全可以根据人的面部表情变化来做出相应的反应。它的眼睛中装备有 CCD（电荷耦合器件）摄像机，这使得它在看到与其交流的人之后，就会立即确定房间的亮度并观察与其交流者的表情变化。

欧洲一些国家也在积极地对情感信息处理技术（如表情识别、情感信息测量、可穿戴计算等）进行研究。欧洲许多大学成立了情感与智能关系的研究小组。其中比较著名的有，瑞士日内瓦大学舍尔（K. R. Soberer）领导的情绪研究实验室、比利时布鲁塞尔自由大学的卡纳梅洛（D. D. Canamero)领导的情绪机器人研究小组及英国伯明翰大学的斯洛曼（A. Sloman）领导的认知与情感项目。在市场应用方面，德国的学者在 2001 年提出了基于 EMBASSI 系统的多模型购物助手。EMBASSI 是由德国教育及研究部（BMBF）资助并由一些大学和公司共同参与的，以考虑消费者心理和环境需求为研究目标的网络型电子商务系统。英国科学家已研发出名为"灵犀机器人"（Heart Robot）的新型机器人，这是一种弹性塑胶玩偶，其左侧可以看到一个红色的"心"，而它的心脏跳动频率可以变化，通过程序设计的方式，让机器人可对声音、碰触与附近的移动产生反应。

#### 2. 我国发展状态

我国的机器人研究始于 20 世纪 70 年代，到 20 世纪 80 年代，"863 计划"将机器人技术作为一个重要的发展主题。中国科学院沈阳自动化研究所、北京机械工业自动化研究所、哈尔滨工业大学、北京航空航天大学、清华大学、中国科学院自动化研究所、北京科技大学等单位都做了非常重要的研究工作，其代表性产品有工业机器人、水下机器人、空间机器人和核工业机器人。

我国对人工情感和认知的理论和技术研究始于 20 世纪 90 年代，大部分研究工作是针对人工情感单元理论与技术的实现。哈尔滨工业大学研究多功能感知机，主要包括表情识别、人脸识别、人脸检测与跟踪、手语识别、手语合成、表情合成、唇读等内容，并与海尔公司合作研究服务机器人。清华大学进行了基于人工情感的机器人控制体系结构的研究。北京交通大学进行了多功能感知机和情感计算的融合研究。中国科学院自动化研究所主要研究基于生物特征的身份验证。中国科学院心理学研究所、生物研究所主要注重情绪心理学与生理学关系的研究。中国科技大学开展了基于内容的交互式感性图像检索的研究。中国科学院软件研究所主要研究智能用户界面。浙江大学研究虚拟人物及情绪系统构造等。

我国开展的研究项目主要有：可应用于人脸表情的自动识别与合成的脸部运动编码系统；可以组合多种表情以模拟混合表情的 MPEG-4 V2 视觉标准；针对人的肢体运动而设计的运动和身体信息捕获设备；基于生物特征的身份验证系统；根据语音的时间、振幅、基频和共振峰等，寻找不同情感信号特征的构造特点和分布规律的语调表情构造系统；可用于增强和补偿人的感知功能的可穿戴式计算机。

### 5.5.5 情感机器人对社会的影响及产生的问题

将情感注入计算机或机器人具有十分重要的意义，它使计算机向人脑的方向迈进了一大步，大大增强了其使用功能，扩展了其应用范围。如果机器人具有与人一样的情感和意志，就具有了独立的人格、自控的行为、自主的决策、创新的思维和自由的意志，就能够在复杂的环境条件下，了解和猜测主人的价值取向、主观意图和决策思路，灵活、积极、创造性地进行活动，使其运行过程具有更明确的目标性、更高的主动性和更强的创造性，圆满完成主人交给的各种复杂的工作任务，从而在更大的工作范围取代人力。届时，从纯逻辑的角度来看，人与机器人就没有本质上的差异了，这将是人工智能技术的重大飞跃，必然会对人类社会的各个方面产生深刻的影响，并会产生一系列棘手的问题。

#### 1. 经济结构调整

情感机器人能够参与社会事务和人际交往以后，就会在越来越多的社会管理领域、生产领域和生活服务领域取代人，机器人将会成为一支越来越庞大的"劳动大军"。机器人的机体制造厂、软件开发公司、程序调整中心、医院、美容店、餐馆、俱乐部、学校、托儿所、职介所等行业将会迅速发展起来，社会的生产结构和经济结构将会出现重大调整。

#### 2. 社会关系调整

机器人的行为效应（如违法犯罪后果、社会与经济收益等）应该由谁来承担，是研发者、制造者、控制者还是所有者？机器人如果杀了人，应该如何处理？是全部拆卸或

分解，还是重新调整程序？如果机器人被人所"杀"，人应该如何承担法律和经济责任？一方面应该如何使机器人"遵纪守法"，另一方面应该如何维护机器人的"合法权益"？机器人是否具有继承权？人与机器人、机器人与机器人之间的经济与法律纠纷应该如何处理？机器人是否具有选举权和被选举权？等等。

### 3. 伦理观念变迁

由于情感与意志的赋予，机器人与人之间的界线会越来越模糊，机器人具有了"人性"，能够参与社会事务与人际交往。那么人应该如何对待机器人？如何处理人与机器人、机器人与机器人之间的关系？如何评价机器人所取得的成绩？如何看待机器人的缺点和错误？如何确立机器人的"社会地位"？等等。

### 4. 生活方式变更

随着机器人越来越多地替代人类从事简单重复、环境恶劣和高强度的工作，人类将会主要从事自由性、自主性、创造性和复杂性较强的工作，其工作时间的随意性、工作地点的游动性、工作内容的自主性、工作报酬的随机性和工作方式的选择性不断提高，必然会使人们的生活内容和生活方式发生深刻的变化，包括个人消费、人际交往和家庭结构等方面。此外，人们将会越来越多地与机器人打交道，机器人保姆将会大量地进入家庭，并对人来说具有了越来越强的心理功能和精神功能。或许未来会出现这一幕，打电话时的第一句话可能是"请问，你是人类吗？"。

### 5. 社会隐患增多

机器人具有了情感以后，能够进行独立思考和自主行为。由于其信息的处理速度快，信息的存储量大，运转的准确性高，在许多方面具有比人类更多的优势。因此，它们一旦"哗变"，后果不堪设想。机器人参与社会生活以后，社会矛盾会日趋复杂化，将大大提高社会的不稳定性。

### 6. 人机一体发展

情感在人的思维活动中占据极为重要的地位，决定和约束着人的行为活动和其他思维活动的基本框架与总体方向。人工情感的全面实现不仅可以使计算机具有友好的、人性化的人机界面，更重要的是能够使机器人或计算机具有更高的信息处理速度与效率，具有独立的决策能力和行为控制能力，具有创造性和开拓性的思维能力。到了那个时候，人与机器人之间或许只剩肉体与非肉体的区别了，届时人与机器人之间就可以实现全面的融合：第一，机器人的一些部件可以实现肉体化；第二，人身上的一些部件可以实现非肉体化；第三，人与机器人可以进行相互转化。例如，当一个人的肉体老化后，可以将其大脑中所有的认知、情感与意志方面的信息提取出来，输入机器人的大脑中暂时"存储"，并由该机器人代为本人继续行使有关的社会职责，等本人的克隆体制作完成后，再把机器人大脑中的有关信息移植过来。总之，将来的情感机器人与人类之间的界限可能会很模糊，两者各有所长、各有所短，分别适合于不同的社会生产与生活环境，彼此可以相互转换、相互渗透、相互促进。

## 5.6　教育机器人

### 5.6.1　概述

党的二十大报告指出：教育、科技、人才是全面建设社会主义现代化国家的基础性、战略性支撑。

随着人工智能技术的发展，机器人在教育领域的应用价值不断提升。发展教育机器人有助于促进我国人才培养模式及教学方法的改革与创新，提升教学质量与效率。由于可以在不同教学环节提供人性化交互方式及个性化智能辅导与教学，基于人工智能技术的教育机器人受到人们越来越多的重视。

教育机器人是面向教育领域专门研发的以培养学生分析能力、创造能力和实践能力为目标的机器人，具有教学适用性、开放性、可扩展性和友好的人机交互等特点（见图 5.18）。最早的教育机器人来自 20 世纪 60 年代美国麻省理工学院派珀特（S. Papert）教授创办的人工智能实验室。教育机器人是多学科、跨领域的研究，涵盖计算机科学、教育学、自动控制、机械、材料学、心理学和光学等领域。美国的《地平线报告（2016 高等教育版）》中提到，不断创新的机器人研究和科学技术的快速发展，使得机器人不仅融入我们的工作和生活中，对教育环境也会产生一定的影响，尤其针对目前的基础教育环境，教育机器人已被应用于协助特殊儿童的学习。此外，教育机器人也是一种典型的数字化益智玩具，适用于各种人群，可通过多样化的功能达到寓教于乐的目的。

【教育机器人】

图 5.18　教育机器人

近年来，我国也提出了推动机器智能在教育领域的全方位应用，并陆续颁布和出台了包括《国家教育事业发展"十三五"规划》《新一代人工智能发展规划》在内的多项政策。

## 5.6.2　教育机器人的应用

我们可以将机器人在教育领域的应用分为自我认同塑造、托管陪伴和特殊教育三类。

（1）自我认同塑造类教育机器人主要是指包括 STEM 教育、创客教育及机器人竞赛在内的机器人应用范畴，其参与对象大多为青少年群体。机器人在整个教育过程中扮演学习工具的角色，对于机器人的外形一般没有特定要求。自我认同塑造类教育机器人大多希望学习者能够自主设计并完成具有特定功能、能够完成特定任务的机器人，并将其作为整体教育过程中的一个教学情境。例如，丹麦乐高公司生产的机器人集合了可编程主机、电动机、传感器、齿轮、轮轴、横梁及插销等，可以作为针对 12 岁以上儿童或成人的教具。SONY 公司的 KOOV 机器人，由彩色缤纷的拼插模块、设计简洁的电子元件、支持各类操作系统的应用程序构成，通过模块和电子元件的立体拼搭组合，可以制作出形态多样的机器人。相较而言，竞赛类机器人的机械结构及功能要求更加严格，目前主要包括足球机器人、灭火机器人等，相应的赛事大多以促进青少年综合科技创新能力的发展为目标。总体而言，自我认同塑造类教育机器人期望能够通过合作学习、优势分工、参与者的创造性思维完成可以分享的、具有特定功能的作品，从而提升学生的综合素质。

（2）托管陪伴类教育机器人主要是指针对学习者智力开发、知识学习和托管陪伴等为主要目的的服务型教育机器人，此类机器人根据其应用场景可分为类人型机器人与功能型机器人。其中，类人型机器人一般应用于对社交的智能要求较高的教育环境中，以求尽可能地拉近应用对象与机器人的心理距离。在应用过程中，机器人一般作为同伴的角色出现，一方面满足学习者的情感需求，另一方面帮助学习者开发智力、学习知识。该类机器人具备环境感知、声控对话及面部表情识别等功能，可以为学习者提供语言、数学、艺术等多方面的教学，同时也能够提供消息推送和日常事项提醒等服务。功能型机器人一般没有类人的外形，但可以对教学过程起到辅助作用。例如，微软研发的智能聊天机器人"小英"可以帮助学习者进行发音练习、单词背诵等各类英语学习。

（3）特殊教育类教育机器人主要面向特殊学习者群体，如听障儿童、自闭症儿童等，是为特殊症状使用者设计开发的教学机器人。此类机器人一般以导师的角色出现，其目的是希望通过机器人进行教学，以矫正用户的症状。例如，Robokind 公司生产的机器人利用特别编制的游戏和应用程序，帮助患有特殊症状的儿童（如自闭症儿童）学习、发展、融入社会。

## 5.6.3　教育机器人的发展目标

教育机器人的未来发展目标，是希望如同真人一般进行思考、动作和互动。人工智能、语音识别和仿生科技等是未来发展教育机器人的关键技术。

### 1. 人工智能

人工智能是计算机科学的一个分支，是一门主要研究、开发用于模拟、延伸和扩展人的智能的理论、方法、技术及应用系统的综合性学科，是制作智能机器的科学和工程，特别是智能计算机程序，类似于使用计算机去理解人类智慧。人工智能技术是教育机器人的关键技术之一，其主要目标是模仿人脑所从事的推理、证明和设计等思维活动，使机器能够完成一些需要专家才能完成的复杂工作，扮演各种角色与使用者互动并提供反馈。在互动方面，教育机器人需具备如同真人般通过口语进行互动和沟通的能力；在智能方面，教育机器人需扮演教师、学习同伴、助理或顾问等多重角色，并与使用者进行互动和提供反馈。

### 2. 语音识别

语音识别即机器自动语音识别，是近年来信息技术领域的重要科技之一，已被应用于信号处理、模式识别和人工智能等众多领域。语音识别技术以语音为研究对象，通过编码技术把语音信号转变为文本或命令，让机器能够理解人类语音，并准确识别语音内容，实现人与机器的自然语言通信。比较知名的语音识别技术包括 IBM 公司推出的 Via Voice、苹果公司研发的 Siri 语音助理等。自然语言作为人与机器人进行信息交互的重要手段之一，将起到越来越重要的作用。

### 3. 仿生科技

仿生科技是工程技术与生物科学相结合的一门交叉学科。当前仿生技术发展迅速，运用范围广泛，机器人技术是其主要的结合和应用领域之一。运用仿生技术来模仿自然界中生物的外部形状或某些技能，使机器人具有人一般的外形，做出如同真人一般细腻的动作，具体包括人体结构仿生、功能仿生和材料仿生等。人形机器人正是仿生科技在机器人领域的典型应用。在感知与行为能力方面，为了达到如同真人一般的感知与行为能力，整合生物、信息科技以及机械设计的仿生科技将是发展教育机器人的关键技术。

### 5.6.4　教育机器人的发展趋势

总体而言，教育机器人的发展可以更多地针对青少年群体与教师群体，在交互方式、教学模式等方面做出更多创新与尝试，逐步落地于学校与家庭等关键教育场景，打破家校分离的现状，利用最新的人工智能技术促进我国教育技术领域的研究与发展。同时，教育研究者需要对该领域进行更多的理论性与实证性探索，找到利用机器人促进学习者认知能力提升的更有效的方法与方式。另外，国内教育机器人从业者在紧跟国际发展趋势的同时，需要结合国内教育的实际情况与政策环境，降低教育机器人进入普通学校与家庭的门槛，使之可以大规模地落地与应用，发展适合我国国情的教育机器人产业，促进我国教育信息化产业在"人工智能＋教育"领域的长足发展。

## 5.7　服务机器人

### 5.7.1　概述

随着现代生活节奏的加快、老龄化现象的凸显及生活水平的日益提高，像扫地机器人、擦玻璃机器人、烘焙机器人、陪伴机器人等服务机器人已开始走入寻常百姓家。服务机器人对提升人们的生活品质起到了积极的推动作用。图 5.19 所示为日本研发的新一代服务机器人，它可以开瓶倒酒，还会讲两门外语。

越来越多的国家已经开始机器人的研究，且多已涉足服务型机器人的开发。在日本

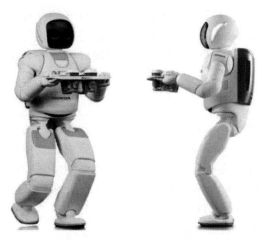

图 5.19　新一代服务机器人

及北美和欧洲一些国家，已有多种类型的服务型机器人进入实验和商业化应用。美国已将为军队伤病员开发机器人假肢和小型无人侦察直升机等技术转为民用。欧盟在 2020 年投入约 28 亿欧元启动了全球最大的民用机器人研发项目，主要用于研发医疗、护理、家务、农业和运输等领域的机器人。

【服务机器人】

　　2017 年 12 月 14 日，中华人民共和国工业和信息化部发布《促进新一代人工智能产业发展三年行动计划（2018—2020 年）》。该计划指出，未来几年，我国要在智能服务机器人环境感知、自然交互、自主学习、人机协作等关键技术上取得突破，智能家庭服务机器人、智能公共服务机器人实现批量生产及应用，医疗康复、助老助残、消防救灾等机器人实现样机生产，完成技术与功能验证，实现 20 家以上应用示范。这为我国服务机器人的发展提供了明确的方向，并且将极大地促进服务机器人行业的发展。

　　国际机器人联合会（International Federation of Robotics，IFR）将服务机器人定义为一种半自主或全自主工作的机器人，它能完成有益于人类的服务工作，但不包括从事生产的设备。我国对服务机器人的定义是用于完成对人有利和设备有用的服务（制造操作除外）的自主或半自主机器人。

　　服务机器人是具有感觉、思维、决策和动作功能的智能机器，按照用途可分为专用服务机器人和个人服务机器人两大类。专用服务机器人是在特殊环境下作业或具有商业用途的机器人，通常由训练有素的操作员操作，如公共场所清洁机器人、医用外科手术机器人、康复机器人、镭射治疗机器人、军用无人驾驶机器人、反恐防暴机器人、地雷探测机器人、特殊用途的消防救援机器人、深海工作机器人、挖掘救灾机器人、管路探勘机器人等。个人服务机器人是非商业活动用的机器人，如家政服务机器人、助老助残机器人、娱乐休闲机器人、宠物机器人、教育机器人、机器人轮椅等。在我国，服务机器人主要运用在清洁、医疗、康复与家庭服务四个方面。

　　（1）在清洁领域，主要有擦地机器人、扫地机器人、擦窗户机器人等，能够通过采集的数据来规划清扫路线，提高清洁的效率。而且对于高层玻璃的清洁也具有很好的效果，减少了高空擦玻璃这一高危职业的岗位数量。

（2）在医疗领域，则主要有手术机器人与护理机器人等。这些机器人可以有效地协助医生和护士进行手术和护理工作，为医疗行业带来了极大的便利。

（3）在康复领域，则是一些康复辅助机器人与功能康复机器人。这些机器人可以有效地帮助病人进行康复练习，尽早恢复健康状态。

（4）在家庭服务领域，则以机器人管家作为代表。机器人管家技术还在发展中，是对生活空间中的温湿度控制、环境清洁等方面进行综合统筹与管理的智能化生活系统，为改善人们的生活质量带来巨大的帮助。

## 5.7.2 服务机器人的特点

随着传感器和智能化的发展，服务机器人已逐步克服了视觉感官差、动作表现差、服务功能单一等弱点，正朝着标准化、模块化、智能化、网络化的方向发展。服务机器人具有五大特点，包括可移动性强、机械结构实用便利、人机交互能力强、智能化程度高、具有云服务能力等。具体表现在以下三个方面。

### 1. 机械结构柔性好、动作灵活度高

服务机器人主要进行的是各种服务动作，而操控它的多是非技术人员，因此在机械结构设计上应具备柔性，以避免操控者受到不必要的伤害。通过改变服务机器人机械结构和各电动机的参数，可提高服务机器人的动作灵活度，以提供给操控者更便利的服务。

### 2. 感知认知能力强、智能化程度高

服务机器人面对的环境更为复杂多变，需要在非结构化场景中进行感知、认知，最终通过逻辑分析判断进行智能反馈，对人工智能技术的要求更高。通过语音识别、语音匹配及视觉处理等将听觉、视觉、触觉、温度、位置、力矩等多种传感器信息融合与处理，可使服务机器人具有甚至超过人类的感知能力，提高服务机器人的非结构化环境适应能力和智能化程度。

### 3. 云存储、云计算、云服务

随着信息技术、网络技术与机器人技术的加速融合，服务机器人作为一种信息传输的载体，会发送信息至云端和接收云端送回的信息，从而完成其相应的服务动作。建立基于云服务的服务机器人系统，可以实现全球范围的知识和信息共享、机器人之间信息和资源的共享；利用云计算和云存储可进行复杂计算和数据存储，可以加速机器人学习进程、降低机器人研发制造成本。

## 5.7.3 服务机器人的发展目标

服务机器人的未来发展目标是，如同真人一般进行动作、互动和思考，需要纳米制造、仿生技术、语言识别、视觉处理、传感器技术、人工智能、网络技术、通信技术等多种学科技术的交叉渗透。

### 1. 纳米仿生技术

仿生学是把各种生物系统所具有的功能原理和作用机理作为生物模型进行研究，并改善

现代技术设备、创造新工艺技术的学科。服务机器人的研发运用了纳米制造、仿生技术（包括人体结构仿生、材料仿生、功能仿生等）来模仿生物的外部形状或某些技能，使之具有真人一般的外形、做出真人一般的动作。

【服务机器人的发展】

2. 传感交互技术

服务机器人身上有多种传感器，如感知触摸的压力传感器、感知环境情况的烟雾和有害气体传感器、感知光线强弱的光电传感器、进行人机对话的语音传感器、识别定位抓取物体的视觉传感器，各种传感器构成一个传感网络，感知空间环境，完成物体的识别、定位和抓取。语音识别、语音匹配及视觉处理等技术是实现传感、完成智能反馈的基础，是机器人完成交互与服务动作的关键。其中，语音识别是核心，语音匹配和视觉处理是重点。

3. 导航定位技术

服务机器人只有准确知道自身的位置、工作空间中障碍物的位置、障碍物的运动情况，才能安全有效地进行自主移动，即定位是移动的前提。根据工作环境复杂性、配备传感器种类和数量等的不同，可采用基于惯性定位、基于陆标定位、基于全方向图像定位、基于声音定位、基于视觉伺服定位、基于激光雷达定位等来确定机器人在二维工作环境中相对于全局坐标的位姿，再利用 RFID 导航、GPS 导航、磁导航、超声波导航、激光导航、语音导航、视觉导航等导航技术，使机器人实现自主移动。

4. 智能决策控制技术

在无他人干预的情况下，自主地驱动服务机器人进行精确定位、自主移动、识别抓取、人机交互、网络控制等，这就是智能决策控制，包括仿人控制、模糊控制、混沌控制、人工智能控制、神经网络控制等，用以解决无法精确建模的复杂控制问题，智能决策控制具有非线性的特点。

5. 网络通信技术

传感数据、声音、图像等从服务机器人身上采集到的数据要通过网络进行传输，机器人接受来自网络的命令和控制，借助网络通信技术得以实现。基于 TCP/IP 的有线或无线网络通信、基于 WSN 的无线传感网络通信、基于 GSM 的手机网络通信是当前常用的远程通信方式，可以方便地操控服务机器人。

### 5.7.4　服务机器人的发展趋势

结构的模块化与可重构化、功能的多样化、作业的柔性化是服务机器人的技术发展方向，技术的提高有赖于机械、生物、材料、仿生、信息等多种学科的共同发展，只有涉及的各个学科技术都提高了，服务机器人技术才能全面提高。从短期来看，全面化、智能化、市场化将是服务机器人发展的主要方向。

1. 全面化发展

全面化覆盖社会上各种各样的服务行业，为我国服务行业的服务速度与服务质量带来了一次技术上的革新，促进了我国服务行业的现代化发展，给老百姓带来了更多生活质量提高的直观体验。

### 2. 智能化发展

AI技术是当前机器人发展的大趋势，促进服务机器人的智能化发展自然也在其中。服务机器人的智能化发展，可以给用户带来更为贴心的服务体验，也可以解决服务中遇到的大多数困难，对于我国服务行业的发展具有重要的现实意义。

### 3. 市场化发展

市场化发展也是服务机器人发展的大趋势。只有将技术市场化，才能够将这项技术进一步推广到千家万户，才能为人们的生活带来真正的改变，同时回笼的资金又能进一步促进服务机器人的发展，对于服务机器人的发展影响深远。

服务机器人种类多样、优势明显、人工成本低、作业效率高。它是符合新时代发展的高新技术，是未来我国需要重点发展的核心技术。服务机器人目前在我国已经有了初步的运用，有着良好的发展前景，推广并完善相关技术，能为生活带来便利，提高社会效率，促进我国社会的现代化发展进程。

## 5.8 智能机器人的应用

机器人可代替或协助人类完成各种工作，凡是枯燥的、危险的、对人有毒的、有害的工作，大都可让机器人代劳。机器人除了广泛应用于制造业领域外，还应用于资源勘探开发、救灾排险、医疗服务、家庭娱乐、军事和航天等其他领域。机器人是工业及非工业界的重要生产和服务性设备，也是先进制造技术领域不可缺少的自动化设备。

【机器人的应用】

2021年3月12日，由哈工大机器人（合肥）国际创新研究院和中智科学技术评价研究中心主编、社会科学文献出版社出版的《中国机器人产业发展报告（2020—2021）》重磅首发。这是继中国首部公开出版的机器人领域产业发展综合性蓝皮书《中国机器人产业发展报告（2019）》出版以来，又一接力之作。根据中华人民共和国工业和信息化部发布的《2020年1—12月机器人行业运行情况》显示，1—12月累计生产工业机器人23.7万套，同比增长19.1%，创下我国工业机器人单年产量最高纪录，在"中国制造"向"中国智造"升级中，机器人正在扮演着越来越重要的角色。2020年，在全民"战疫"的重大公共卫生事件中，无人配送、防疫消杀等多种机器人广泛应用于防控第一线，创新智能机器人及装备突显出科技的力量。当前我国工业机器人市场正保持着良好的发展态势，约占全球市场份额的三分之一，是全球第一大工业机器人应用市场。当前全球机器人市场规模持续扩大，工业机器人市场增速回落，服务、特种机器人增速稳定。技术创新围绕仿生结构、人工智能和人机协作不断深入，全球机器人产业正在稳步增长。

### 5.8.1 军用机器人

军用机器人（Military Robot）是一种用于军事领域的具有某种仿人类功能的自动机器人（见图5.20）。从物资运输到搜寻勘探及实战进攻，军用机器人的使用范围广泛。随着中国在制造业领域和军事能力方面的升级，中国的商用和军事机器人工业正在经历着数量和质量的迅速提升。

【军用机器人】

在 2013 年，中国超过日本成为世界上最大的工业机器人市场，到 2018 年，中国工业机器人的装配量超过全世界总装配量的三分之一。2020 年 2 月 14 日，机器人网发布了世界十大最先进的军用机器人，包括"粗齿锯"无人车、MQ-1"捕食者"无人攻击机、多功能后勤保障机器人、Daksh 机器人、战斗机器人 Guardium、"守门员"机器人、警戒机器人 Guardbot、Packbot 机器人、MARCbot 机器人、歌利亚武装机器人。机器人从事的行业也由原来单一的工业，迅速扩展到农业、交通运输业、商业和科研等行业。机器人"从军"虽晚于其他行业，但自 20 世纪 60 年代在中南半岛战场崭露头角以来，日益受到各国军界的重视。作为一支新军，眼下虽然还难有作为，但其巨大的军事潜力，超人的作战效能，预示着机器人在未来的战争舞台上是一支不可忽视的军事力量。

图 5.20　军用机器人

从 20 世纪 40 年代开始，机器人就被应用于工业实用性研究，从研究假肢起步至今已发展到第三代。

1958 年，美国阿拉贡国家实验室率先推出世界上第一个现代实用机器人——仆从机器人。这是一个装在四轮小车上的遥控机器人，其精彩的操作表演，曾在第二届和平利用原子能大会上引起与会科学家的极大兴趣。此后，英国、法国、意大利等国也相继开展实用机器人的研究，并先后推出了各自研制的机器人。美国科学家表示，他们已经成功地研制出可以利用脑电波进行控制的机器人。

机器人真正进入人类生活，始于 20 世纪 60 年代，美国在市场上推出了首批用于工业生产的机器人后，机器人技术流入日本、西欧等国家和地区。从此，机器人在全世界蓬勃发展起来。

早期的实用机器人是一种固定程序、靠存储器控制，并仅有几个自由度的机器人。由于这代机器人大脑先天不足，四肢不全，又无"感官"。只能进行简单的"取-放"动作，缺少起码的"军人品质"。除有选择地用于国防工业生产流水线上外，应征"入伍者"寥寥无几。

到了 20 世纪 60 年代中期，电子技术有了重大突破，一种以小型电子计算机代替存储器控制的机器人出现了。机器人开始有了"某种感觉"和协调能力，能自主地或在人的控制下从事稍微复杂一些的工作，这就为军事应用创造了条件。1966 年，美国海军使用机器人"科沃"，潜至 750m 深的海底，成功地打捞起一枚失落的氢弹。这个轰动一时的事件，使人们第一次看到了机器人潜在的军事使用价值。之后，美国、苏联等国又先后研制出军用航天机器人、危险环境工作机器人、无人驾驶侦察机等。机器人的战场应用也取得了突破性进展。1969年，美国在越南战争中，首次使用机器人驾驶的列车，为运输纵队排险除障，获得巨大成功。在英国陆军服役的机器人"轮桶"，在反恐怖斗争中，更是身手不凡，屡建奇功，多次排除恐怖分子设置的汽车炸弹。这个时期，机器人虽然以新的姿态走上军事舞台，但由于这代机器人在智能上还比较低下，动作也很迟钝，加之身价太高，"感官"又不敏锐，除用于军事领域某些高体能消耗和危险环境工作外，真正用于战场的还是极少数的。

进入20世纪70年代，特别是到了80年代，人工智能技术的发展，各种传感器的开发使用，一种以微型计算机为基础，以各种传感器为神经网络的智能机器人出现了。这代机器人四肢俱全，耳聪目明，智力也有了较大的提升，不仅能从事繁重的体力劳动，而且有了一定的思维、分析和判断能力，能更多地模仿人的功能，从事较复杂的脑力劳动，再加上机器人先天具备的刀枪不入、毒邪无伤、不生病、不疲倦、不食人间烟火、能夜以继日高效率地工作等。这些常人所不具备的优良品质激起了人们开发军用机器人的热情。例如，美国装备陆军的一款名叫"曼尼"的机器人，就是专门用于防化侦察和训练的智能机器人。该机器人身高1.8m，其内部安装的传感器能感测到极小剂量的化学毒剂，并能自动分析、探测毒剂的性质，向军队提供防护建议和洗消的措施等。还有更智能的"决策机器人"，它们凭借"发达的大脑"，能根据输入或反馈的信息，向人们提供多种可供选择的军事行动方案。总之，随着智能机器人相继问世和科学技术的不断发展，军用机器人异军突起的时代已为期不远了。

军事机器人按应用领域可分为以下几种。

（1）地面机器人。地面机器人主要是指智能或遥控的轮式和履带式车辆。地面军用机器人又可分为自主车辆和半自主车辆。自主车辆依靠自身的智能自主导航，躲避障碍物，独立完成各种战斗任务；半自主车辆可在人的监控下自主行驶，在遇到困难时操作人员可以进行遥控干预。

（2）无人机。被称为空中机器人的无人机是军用机器人中发展最快的家族。自1913年第一台自动驾驶仪问世以来，无人机的基本类型已达到300多种，在市场上销售的无人机有40多种。美国是研究无人机最早的国家之一，目前无论从技术水平还是无人机的种类和数量来看，美国均居世界首位。纵观无人机发展的历史，可以说现代战争是无人机发展的动力，高新技术的发展是它不断进步的基础。

（3）水下机器人。水下机器人分为有人潜水人和无人潜水人两大类。有人潜水器机动灵活，便于处理复杂的问题，但人的生命可能会有危险，而且价格昂贵；无人潜水器就是人们所说的水下机器人（见图5.21）。近20年来，水下机器人的研制有了很大的进展，它们既可军用又可民用。随着人对海洋的进一步开发，它们必将有更广泛的应用。按照无人潜水器与水面支持设备（母船或平台）之间联系方式的不同，水下机器人可以分为两大类：一类是有缆水下机器人，习惯上把它称为遥控潜水器；另一类是无缆水下机器人，习惯上把它称为自治潜水器。有缆水下机器人都是遥控式的，按其运动方式可分为拖曳式、移动式和浮游（自航）式三种。无缆水下机器人都是自治式的，且只有观测型浮游式一种运动方式，但它的发展前景是光明的。

【水下机器人
的应用】

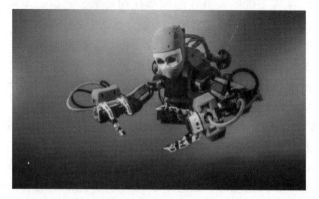

图 5.21　水下机器人

（4）空间机器人。空间机器人是一种低价位的轻型遥控机器人，可在行星的大气环境中导航及飞行（见图 5.22）。为此，它必须克服许多困难。例如，它要能在一个不断变化的三维环境中运动并自主导航、几乎不能停留、必须能实时确定它在空间的位置及状态、要能对它的垂直运动进行控制、要为它的星际飞行预测及规划路径。

【跳跃的空间
机器人】

图 5.22　空间机器人

### 5.8.2　民用机器人

民用机器人包括工业机器人、服务机器人和医疗机器人等。

（1）工业机器人。工业机器人是面向工业领域的多关节机械手或多自由度的机器装置，它能自动执行工作，可以靠自身动力和控制能力来实现各种功能。它可以接受人类指挥，也可以按照预先编排的程序运行，现代的工业机器人还可以根据人工智能技术制定的原则纲领行动。

工业机器人最显著的特点有以下几个。

① 可编程。生产自动化的进一步发展是柔性启动化。工业机器人可随其工作环境变化的需要而再编程，因此它在小批量多品种具有均衡高效率的柔性制造过程中能发挥很好的功用，是柔性制造系统中的一个重要组成部分。

② 拟人化。工业机器人在机械结构上有类似人的大臂、小臂、手腕、手爪等部分，由计算机控制。此外，智能化工业机器人还有许多类似人类的"生物传感器"，如皮肤型

接触传感器、力传感器、负载传感器、视觉传感器、声觉传感器等。传感器提高了工业机器人对周围环境的自适应能力。

③ 通用性。除了专门设计的专用工业机器人外，一般工业机器人在执行不同的作业任务时具有较好的通用性。例如，更换工业机器人手部末端的操作器，便可执行不同的作业任务。

④ 工业机器技术涉及的学科相当广泛，归纳起来是机械学和微电子学的结合，即机电一体化技术。第三代智能机器人不仅具有获取外部环境信息的各种传感器，而且具有记忆能力、语言理解能力、图像识别能力、推理判断能力等人工智能，这些都是微电子技术的应用，特别是与计算机技术的应用密切相关。

（2）服务机器人。服务机器人的应用范围很广，主要从事维护保养、修理、运输、清洗、安保、救援、监护等工作。国际机器人联合会给了服务机器人一个初步的定义：服务机器人是一种半自主或全自主工作的机器人，它能完成有益于人类健康的服务工作，但不包括从事生产的设备。这里，我们把其他一些贴近人们生活的机器人也列入其中。

从全球范围来看，目前世界各国纷纷将突破服务机器人技术、发展服务机器人产业放在本国科技发展的重要战略地位。随着信息网络、传感器、智能控制、仿生材料等高新技术的发展，以及机电工程与生物医学工程等的交叉融合，使得服务机器人技术发展呈现出以下三大态势。

① 服务机器人由简单的机电一体化装备向生机电一体化和智能化等方向发展。

② 服务机器人由单一作业向群体交流、远程学习和网络服务等方向发展。

③ 服务机器人由研制单一复杂系统向将其核心技术、核心模块嵌入于先进制造装备方向发展。

全球服务机器人市场上仅有部分国防机器人、家用清洁机器人、农业机器人实现了产业化。例如，挤奶机器人和军用无人机等已经形成成熟的产业链，而技术含量更高的医疗机器人、康复机器人等仍然处于研发试验阶段。

（3）医疗机器人。医疗机器人是指用于医院、诊所的医疗或辅助医疗的机器人。它是一种智能型服务机器人，能独自编制操作计划，依据实际情况确定动作程序，然后把动作程序变为操作机构的运动。医疗机器人种类很多，按照其用途不同，有临床医疗机器人、为残疾人服务的机器人、护理机器人、医用教学机器人等。

① 运送药品机器人可代替护士送饭、送病例和化验单等，较为著名的有美国 TRC 公司的 Help Mate 机器人。

② 移动病人机器人主要帮助护士移动或运送瘫痪和行动不便的病人，如英国的 PAM 机器人。

③ 临床医疗机器人包括外科手术机器人和诊断与治疗机器人，可以进行精确的外科手术或诊断，如日本的 WAPRU-4 胸部肿瘤诊断机器人。美国科学家正在研发一种手术机器人，称为"达·芬奇系统"，这种手术机器人得到了美国食品药品监督管理局认证。它拥有四只机械触手，在医生操纵下，"达·芬奇系统"可以精确地完成心脏瓣膜修复手术和癌变组织切除手术。美国国家航空航天局计划将在其水下实验室和航天飞机上进行医疗机器人操作实验。届时，医生在地面上的计算机前就可以操纵水下和天上的手术。

④ 为残疾人服务的机器人又叫康复机器人，可以帮助残疾人恢复独立生活的能力，

如美国的 Prab Command 系统。

⑤ 护理机器人。英国科学家正在研发一种护理机器人，能用来分担护理人员繁重琐碎的护理工作。新研制的护理机器人将帮助医护人员确认病人的身份，并准确无误地分发所需药品。将来，护理机器人还可以检查病人的体温、整理病房，甚至通过视频传输帮助医生及时地了解病人病情。

⑥ 医用教学机器人是理想的教具。美国医护人员目前使用一部名为"诺埃尔"的教学机器人，它可以模拟即将生产的孕妇，甚至还可以说话和尖叫。通过模拟真实接生，有助于提高妇产科医护人员的手术配合和临场反应。

### 5.8.3　机器人世界杯

机器人踢足球的想法是由加拿大英属哥伦比亚大学的麦克沃斯（A. Mackworth）教授于 1992 年首次提出的。

同时，一些日本的研究人员也在致力于以机器人踢球来推动科学技术发展，并于 1993 年 6 月在东京发起一场名为 Robot J-League 的机器人足球赛。在赛事过后不到一个月，有许多日本以外的科研人员呼吁将这一赛事扩大为国际联合项目。于是，机器人世界杯（Robot World Cup，RoboCup）应运而生。

（1）RoboCup 足球赛分为五个组。

① 小型组。小型组机器人是机器人世界杯的一部分。小型组机器人主要集中解决多个智能机器人之间的合作问题，以及在混合集中分布式系统下高度动态环境中的控制问题。

② 中型组。中型组机器人直径小于 0.5m，可以使用无线网络来交流。该组比赛旨在提高机器人的自主、合作和认知水平。

③ 类人组。在类人组中，具有人类相似外观及感知能力的自主机器人会进行足球比赛。除了足球比赛，还有技术挑战。类人组的众多研究问题中包括动态行走、跑步、平衡状态下踢球、视觉感知球、其他机器人球员、场地、自定位、团队比赛。

④ 标准平台组。标准平台组是一个机器人足球组，所有的团队使用同样的机器人比赛。机器人的操作完全是自主的，即没有人为或计算机的外在控制。现在使用的标准平台是 Aldebaran 机器人公司开发的 NAO。

⑤ 足球仿真组。仿真组比赛不需要任何的机器人硬件，其关注的是人工智能和团队策略。

（2）新增的五项机器人赛事。

① RoboCup Rescue（机器人救援仿真系统）是用计算机对真实的城市灾难情况进行模拟，然后由参赛队伍进行模拟救援。例如，模拟在地震发生时，房屋、建筑物等都倒塌了；道路、轨道和其他一些公共交通设施都被毁坏了；基础的城市设施如电力、下水道系统也都被毁坏了；通信设施和信息的传播被中断了，许多受害者被埋在倒塌的房屋下；地震引起的火灾开始快速蔓延；救火队因为水的供应很紧张不能有效的救火；消防车要通过的道路和停车的空旷地都被倒塌的房屋碎片挡住了等场景。为了减小灾难带来的损失，参赛队伍需要开发一支强有力的救援智能体队伍，在仿真系统提供的灾难场景下进行有效的救援工作，并且尽快地营救受伤的民众，抢救人民的生命财产，把灾难的

损失降到最低。

② RoboCup@Home（机器人世界杯家庭组）旨在开发服务、辅助机器人技术，这与未来的个人家庭应用具有很高的相关性。这是自主服务机器人国际上最大的年度比赛，是机器人世界杯计划的一部分。它用一组基准测试来评估机器人在一个现实的、非标准化的家居环境下的能力和表现。重点在于但不限于以下领域：人与机器人的互动与合作，在动态环境中的导航和测绘，在自然光条件下的计算机视觉和识别物体，对象操作，适应行为，行为整合，环境智能，标准化和系统集成。

③ RoboCup@Work（机器人世界杯工程组）是机器人世界杯的一个全新的比赛项目，主要针对工业相关领域内机器人的使用。它旨在促进研究和开发配有先进操纵器的新型移动机器人，使其能够运用到当前和未来的工业领域，与人类配合完成一些复杂的工作，包括从前期的生产、自动操作、组装到整体的运输。

④ RoboCup Logistics League Sponsored by Festo（机器人世界杯物流联赛）关注机器人在工厂物流方面的应用。秉承机器人世界杯的精神，该联赛的目标是实现物流领域的科技化，从而通过自主移动的机器人协调小组实现工业生产中材料和信息的灵活流动。

机器人的任务是从仓库中取出原材料，通过机械将它们按照特定的顺序移动，并最终传送到目的地。每支参赛队伍有三个机器人，每个机器人都在标准化的 Festo 机器人平台上制造，该平台可以通过传感器和计算机进行扩展。

⑤ Robo Cup Junior（机器人世界杯青少年组）的参赛人员主要是小学生和中学生。虽没有规定最小年龄，但小学生需要能够在脱离导师的重要帮助下为机器人撰写程序。19 岁以上的学生不允许加入机器人世界杯青少年组的参赛队伍。

【机器人的新兴
应用领域】

## 5.9　智能机器人的发展趋势

随着工业 4.0 的推进和劳动力资源的日益匮乏，智能机器人的发展越来越受到人们的重视。智能机器人的研发水平是衡量一个国家高科技水平的一个重要指标。本节对其发展趋势给出了建设性的设想。

【机器人未来
发展前景】

随着智能控制、人工智能等技术的不断发展和深入，各行各业对于机器人的关注度也越来越高，而机器人的功能属性也在随着社会的变化而变化，其在人类的日常生活与工作中发挥着越来越重要的作用和价值。如今我国对于机器人的研究阶段为"第三代智能机器人阶段"，虽然国内外对智能机器人的研究已经有了很大的成效，但其自身的发展空间还是非常大的。具体表现在以下几个方面。

【人工智能的
未来如何规划】

（1）机器学习。不同形式的机器学习算法研究能很大程度地促进人工智能的发展，而将各种类型的算法融入智能机器人中，将使其具备与人类相似的学习能力。

（2）多智能机器人协助生产。随着人工智能、智能机器人技术的不断深入，如何对这些机器人进行调节并让其实现协助生产，从而完成单独一部机器人无法完成的任务，这将会成为未来智能机器人的研究方向。

人工智能导论

（3）智能机器人网络化。通过与互联网技术的结合，可以将各种不同类型的智能机器人连接到计算机网络中，然后通过网络来实现对智能机器人的控制。

【机器人技术
及发展趋势】

# 本章小结

智能机器人是集多种技术于一身的人造制品，是推动新工业革命的关键。人与机器人的关系从 20 世纪 70 年代的"人机竞争"，发展到 90 年代的"人机共存"，再到目前的"人机协作"，预计未来将形成"人机共融"的新局面。

本章首先讨论了智能机器人的体系结构。体系结构是机器人本体的物理框架，是机器人智能的逻辑载体，选择和确定合适的体系结构是机器人研究中最基础且非常关键的环节。

接着讨论了机器人的视觉系统。感知是机器人必须具备的功能，特别是视觉系统。机器人视觉系统是用计算机来实现对客观的三维世界的识别。

此外还探讨了机器人规划问题。对于规划来说，不必关心硬件或微观层次的细节，相反，规划从动作效果的角度出发在较高层次上定义动作。

近年来，机器人的应用范围不断扩大，从天空到海洋，从工业到服务、医疗和教育等领域，智能化程度不断提高。智能机器人将成为下一个科技热点，引领新一代工业革命的到来。

# 习　　题

1. 什么是智能机器人？
2. 智能机器人的体系结构有哪些？
3. 目前主流的移动机器人视觉系统有单目视觉、双目立体视觉、多目视觉和全景视觉等。请扼要给出各种方法的关键技术。
4. 真正具有人类情感的机器人必须具备哪些基本系统？
5. 试述机器人在教育领域的应用。

【第 5 章　在线答题】

164

# 第6章
# 类脑智能

通过脑科学与认知科学来进行人工智能领域的交叉合作，可以促进智能科学在基础性、引领性、智能性研究的发展，解决认知科学和信息科学发展的重大基础理论问题，创新类脑智能前沿领域的研究。那么，究竟什么是类脑智能？它的作用是什么？如何使它发挥作用？它的发展状况和路线图又是什么样的？这些问题都可以在本章中找到答案。

> 了解类脑智能的定义；
> 了解大数据的定义和大数据未来的发展；
> 了解认知计算的作用及发展过程；
> 了解神经形态芯片的组成、发展历史和未来展望；
> 了解类脑智能路线图的作用。

| 知识要点 | 能力要求 | 相关知识 |
| --- | --- | --- |
| 类脑智能概述 | (1) 了解类脑智能的定义；<br>(2) 了解类脑智能的形成和发展 | 冯·诺依曼型计算机 |
| 大数据智能 | (1) 了解大数据的本质及其定义；<br>(2) 了解大数据智能的发展 | 物联网<br>云计算 |
| 认知计算 | (1) 了解认知计算的定义；<br>(2) 了解认知计算的发展历程 | 认知科学 |
| 神经形态芯片 | (1) 了解神经形态芯片的产生过程；<br>(2) 了解神经形态芯片的作用和用途 | 仿生式处理 |
| 类脑智能路线图 | (1) 了解类脑智能路线图的定义和作用 | 脑科学 |

### 思维导图

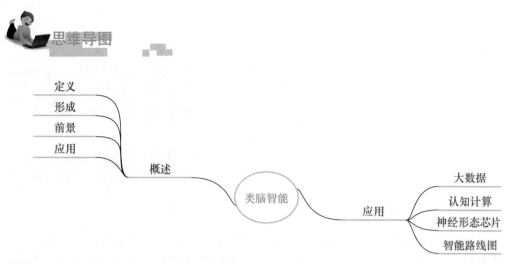

 **推荐阅读资料**

1. 史忠植. 人工智能 [M]. 2 版. 北京：机械工业出版社，2016.
2. 蔡自兴，德尔金，龚涛. 高级专家系统：原理、设计及应用 [M]. 2 版. 北京：科学出版社，2014.
3. 王勋，凌云，费玉莲. 人工智能导论 [M]. 北京：科学出版社，2005.

 **基本概念**

类脑智能是受大脑神经运行机制和认知行为机制启发，以计算建模为手段，通过软硬件协同实现的机器智能。

认知计算是用一种全新的计算模式来模仿人类大脑的计算系统。它包含信息分析、自然语言处理和机器学习领域的大量技术创新，能够助力决策者从大量非结构化数据中洞察有价值的信息。

  **引例**：冯·诺依曼型计算机

现代计算机的基本结构是由美籍匈牙利科学家冯·诺依曼于 1945 年提出的。迄今为止所有进入实用的电子计算机都是按冯·诺依曼提出的结构体系（见图 6.1）和工作原理设计制造的，故又统称为冯·诺依曼型计算机。

【冯·诺依曼】

1945 年 6 月，冯·诺依曼（见图 6.2）提出了在数字计算机内部的存储器中存放程序的概念，这是所有现代电子计算机的范式，被称为"冯·诺依曼结构"，按这一结构制造的计算机称为存储程序计算机（Stored Program Computer），又称通用计算机。冯·诺依曼型计算机主要由运算器、控制器、存储器和输入/输出设备组成。

控制信号
数据信号

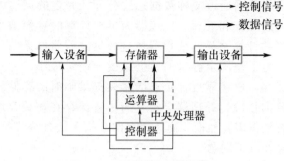

图 6.1 冯·诺依曼结构体系

【冯·诺依曼
计算机模型】

它的特点是：程序以二进制代码的形式存放在存储器中；所有的指令都由操作码和地址码组成；指令在其存储过程中按照执行的顺序进行存储；以运算器和控制器作为计算机结构的中心等。

图 6.2 冯·诺依曼和他的计算机

## 6.1 类脑智能概述

### 6.1.1 类脑智能的定义

智能科学的研究表明，类脑计算是实现人类水平的人工智能的途径。类脑计算是基于神经形态工程，借鉴人脑信息处理方式，打破冯·诺依曼架构束缚，研究具有自主学习能力的超低功耗新型计算系统，适合实时处理非结构化信息，增强人类感知世界、适应世界和改造世界的智力活动能力。

类脑智能在信息处理机制上与大脑相似，在认知行为和智能水平上与人类相似，最终目标是通过借鉴脑神经结构和信息处理机制，使机器以类脑的方式实现各种人类认知能力及协同机制，达到或超越人类的智能水平。

### 6.1.2 类脑智能的形成

20 世纪 60 年代以来，冯·诺依曼结构体系成为计算机结构体系的主流。在经典的计算机中，数据处理的地方与数据存储的地方分开，存储器和处理器被一个在数据存储区域和数据处理区域之间的数据通道或称数据总线分开。固定的通道能力表明任何时刻只有有限数量的数据可以被检查和处理。处理器为了在计算时存储数据，配置有少量的寄存器。在完成全部必要的计算之后，处理器通过数据总线将结果写回存储器。通常，这个过程不会出现问题。为了使固定容量的数据总线上流量最小，大多数现代处理器在扩大寄存器的同时使用缓存，以在靠近计算点的时候提供临时的存储。如果一个经常重复进行的计算需要多个数据片段，处理器会将它们一直保存在该缓存内，而访问缓存比访问主存储器快得多、有效得多。然而，高速缓存的架构无法挑战模拟人脑这样大的计算。现有计算机技术发展存在以下问题。

（1）摩尔定律表明，未来 10～15 年内器件将达到物理微缩极限。

（2）受限于总线的结构，在处理大型复杂问题上编程困难且能耗高。

（3）在复杂多变的实时动态分析及预测方面不具有优势。

（4）不能很好地适应"数码宇宙"的信息处理需求。每天所产生的海量数据，有80％的数据是未经任何处理的原始数据，而绝大部分的原始数据半衰期只有 3 小时。

（5）经过长期努力，计算机的运算速度达到千万亿次，但是智能水平仍然很低。

我们要向人脑学习，研究人脑信息处理的方法和算法，发展类脑计算已成为当今迫切所需。目前，国际上非常重视对脑科学的研究。2013 年 1 月 28 日，欧盟启动了"人类大脑计划"，未来 10 年计划投入 10 亿欧元的研究经费。目标是用超级计算机多段多层完全模拟人脑，帮助理解人脑功能。2013 年 4 月 2 日，美国时任总统奥巴马正式宣布通过推动创新型神经技术进行脑研究（Brain Research through Advancing Innovative Neuro-technologies，BRAIN）的计划，简称"脑计划"。该计划将历时 10 年之久，总耗资约达10 亿美元，其目标是研究数十亿神经元的功能，绘制脑活动全图，探索人类的感知、行为和意识，希望找到治疗阿尔茨海默病（老年痴呆症）等与大脑有关疾病的方法。

IBM 承诺出资 10 亿美元用于其认知计算平台 Watson 的商业化。Google 收购了包括波士顿动力在内的 9 家机器人公司和 1 家机器学习公司。高通量测序之父罗斯伯格（J. Rothberg）和耶鲁大学教授许田成立了新型生物科技公司，结合深度学习和生物医学技术研发新药和诊断仪器技术。

## 6.1.3　类脑智能的未来发展

随着欧美国家相继启动各种人脑计划，中国也全面启动了脑科学计划的研究工作。开展脑认知原理为基础，脑重大疾病和类脑人工智能研发与产业化为核心，从"湿""软""硬"和"大规模服务"这四个方向的研究。具体包括：构建脑科学大数据和脑模拟平台，解析大脑认知和信息处理机制，即通常意义上的生物实验（湿）；发展类脑人工智能核心算法，研发类脑人工智能软件系统，如深度学习算法（软）；设计类脑芯片和类脑机器人，研发类脑人工智能硬件系统，从各种智能可穿戴设备到工业和服务机器人（硬）；开展类脑技术在包括脑疾病在内的重症疾病的早期诊断、新药研发，以及智能导航、智能专业芯片、公共安全、智慧城市、航空航天新技术、文化传播等领域的应用研究，推动新技术产业化（大规模服务）。"中国脑计划"已经获国务院批示，并被列为"事关我国未来发展的重大科技项目"之一。类脑智能研究将借鉴脑的多尺度结构及其认知机制，提出并实现受脑信息处理机制启发的智能框架、算法与系统。类脑智能未来的发展方向如下。

### 1. 智能脑机交互

智能脑机交互是指通过在人脑神经与具有高生物相容性的外部设备之间建立直接连接通路，实现神经系统和外部设备之间信息交互与功能整合的技术。该技术采用人工智能控制的脑机接口对人类大脑的工作状态进行准确分析，达到促进脑机智能融合的效果，使人类沟通交流的方式更为多元和高效，未来将广泛应用于临床康复、自动驾驶、航空航天等多个领域。

### 2. 对话式人工智能平台

对话式人工智能平台是指融合语音识别、语义理解、自然语言处理、语音合成等多种解决方案，为开发者提供具备识别、理解及反馈能力的开放式平台。该技术需要借鉴人脑语言处理环路的结构与计算特点，实现具备语音识别、实体识别、句法分析、语义组织与理解、知识表示与推理、情感分析等能力的统一类脑语言处理神经网络模型与算法。该技术能够实现机器与人在对话服务场景中的自然交互，未来有望在智能可穿戴设备、智能家居、智能车载等多个领域得到大规模应用。

### 3. 神经形态计算

神经形态计算是指仿真生物大脑神经系统，在芯片上模拟生物神经元中突触的功能及其网络组织方式，赋予机器感知和学习能力的技术。该技术的目标在于使机器具备类似生物大脑的低功耗、高效率、高容错等特性。该技术在智能驾驶、智能安防、智能搜索等领域具有广阔的应用前景。如图 6.3 所示为模拟生物神经网络的自旋示意图。

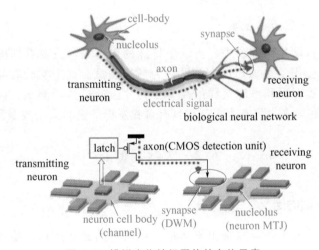

图 6.3 模拟生物神经网络的自旋示意

### 4. 智能机器人

机器人是机械与电子的完美结合体。其诞生初衷就是人类希望机器代替自己工作。但是，目前的智能机器人只能模仿人类的动作、行为来与环境进行交互，还不具有类脑的感知和自主决策能力，一切只能按照预先设定的程序来完成动作。

智能机器人未来发展的趋势是基于认知计算模型、类脑信息处理技术来构建机器脑，利用机器脑直接控制机器人的"四肢"，从而实现机器人可以进行自主学习与决策，最终实现类脑智能机器人。总体而言，类脑智能机器人不但是未来人工智能研究重要的方向之一，其在未来服务业、智能家居、医疗、国家安全等领域都具有极为广泛的应用价值。

## 6.1.4　类脑智能的应用

### 1. 生物脑模拟系统——自主学习能力

智能机器人能分辨出手中的猫玩偶是猫而不是老虎，是如今人工智能领域非常高级的自主学习能力的体现。在人工智能学界，有一条著名的莫拉维克悖论，是说要让机器同成人下棋是非常容易的，但要让机器像一岁孩子一样感知和行动，却相当困难。

人工智能科学家正在不断突破，如装备了人工智能大脑的无人机，可以不需要程序设定，像人类一样观察现场，调整自身姿态，做出穿越窗户的决策；能够模拟人类大脑第二视觉系统的无人机，可以进行本能的闪避反应。

所有这些实验，所依靠的是生物脑模拟系统，科学家通过对人及其他哺乳动物进行脑的生理结构解剖，在计算机中重构脑模型，随后，利用这个虚拟脑模型，分析和处理信息。

在生物中，海马区可以帮助大脑在记忆过程中自动筛选过滤掉无用信息，而装备了数字海马区之后，机器人竟然也可以随之获得生物体记忆抗噪功能。

在未来，这种类脑智能机器人将走出实验室，进入人类生活。它们不仅可能拥有人类的感知、学习和决策能力，而且可以拥有比人类更为强壮灵活的躯体，人类社会将发生革命性变化。

### 2. 拥有自我认知能力的机器人

在中国科学院自动化研究所中，有三个特殊的机器人，只要看到镜子中有红点落在它们身上，它们就会用手去抓，这个测试称为镜像测试。这个实验看起来很简单，但其实在自然界，只有黑猩猩和海豚这样的高等生物才能通过这项测试，证明它们具备和人一样的自我意识。在未来，将有更多这样具有自我意识的机器人来改变我们的生活。

## 6.2　大数据智能

## 6.2.1　大数据的定义

大数据本质上是人类社会数据积累从量变到质变的必然产物，是在信息高速公路基础上的进一步升级和深化，是提升人工系统智能水平的重要途径，对人类社会的发展具有极其重大的影响和意义。

对于大数据（Big Data），研究机构 Gartner 给出了这样的定义："大数据是需要新处理模式才能具有更强的决策力、洞察力和流程优化能力来适应海量、高增长率和多样化的信息资产。"麦肯锡全球研究所给出的定义是："大数据是一种规模大到在获取、存储、管理、分析方面大大超出了传统数据库软件工具能力范围的数据集合，具有海量的数据规模、快速的数据流转、多样的数据类型和价值密度低四大特征。"

大数据是一个体量特别大、数据类别特别多的数据集，并且这样的数据集无法用传统的软件工具对其内容进行抓取、管理和处理。大数据首先是数据体量（Volumes）大，一般在10TB左右，但在实际应用中，很多企业用户把多个数据集放在一起，已经形成了PB级的数据量。其次是数据类别（Variety）多，数据来自多种数据源，数据种类和格式日渐丰富，包括半结构化和非结构化数据。再次是数据处理速度（Velocity）快，在数据量非常庞大的情况下，也能够做到数据的实时处理。最后是数据真实性（Veracity）高，企业越发需要有效的方法以确保数据的真实性和安全性。

大数据技术的战略意义不在于掌握庞大的数据信息，而在于对这些含有意义的数据进行专业化处理。换言之，如果把大数据比作一种产业，那么这种产业实现盈利的关键在于提高对数据的"加工能力"，通过"加工"实现数据的"增值"。从技术上看，大数据必然无法用单台计算机进行处理，必须采用分布式架构。它的特色在于对海量数据进行分布式数据挖掘。因此它必须依托云计算的分布式处理、分布式数据库和云存储、虚拟化技术。随着云时代的来临，大数据也吸引了越来越多人的关注。大数据分析常和云计算联系在一起，因为实时的大型数据集分析需要像 MapReduce 一样的框架来向数十、数百，甚至数千台计算机分配工作。大数据需要特殊的技术，以有效地处理大量的容忍经过时间内的数据。适用于大数据的技术包括大规模并行处理数据库、数据挖掘、分布式文件系统、分布式数据库、云计算平台、互联网和可扩展的存储系统。

## 6.2.2 大数据智能的定义

简单来讲，大数据智能就是行业大数据和人工智能技术的融合。当今时代各行各业正在加速变革，以适应大数据智能技术带来的挑战。基于大数据深度学习的阿尔法狗，不仅在围棋领域战胜了人类顶尖高手，向医疗健康领域拓展的速度更是惊人，如基于深度学习技术的皮肤癌诊断、眼疾诊断和心脏病预测等已经达到或超过普通医生的水平。IBM 的认知人工智能系统"沃森"（Watson），基于大数据和人工智能自然语言处理技术，短时间内能自主学习数十万篇医学论文，从而找出癌症治疗的关键基因，为个性化健康检测和精准医疗提供了强大的智能技术手段。如何抢占大数据和人工智能应用高地，同时掌握相关核心技术和知识产权，是各国大数据和人工智能战略聚焦的重点。

美国政府在 2012 年 3 月正式启动大数据研究和发展计划，该计划涉及美国国防部、美国国防部高级研究计划局、美国能源部、美国国家卫生研究院、美国国家科学基金和美国地质勘探局 6 个联邦政府部门，宣布投资 2 亿多美元，用以推进大数据的收集、访问、组织和开发利用等相关技术的发展，进而大幅提高从海量复杂的数据中提炼信息和获取知识的能力和水平。该计划并不是单单依靠政府，而是与产业界、学术界以及非营利组织一起，共同充分利用大数据所创造的机会。这也是继 1993 年 9 月美国政府启动"信息高速公路"计划后，国家层面在信息领域的又一次发力。联合国也发布了《大数据促发展：挑战与机遇》白皮书。全球范围内对大数据的关注到达了前所未有的高度，各类计划如雨后春笋般涌现。

2015 年 3 月 9 日，百度董事长李彦宏在全国政协会议上发言，建议设立国家层面的"中国大脑"计划，以智能人机交互、大数据分析预测、自动驾驶、智能医疗诊断、智能无人机、军事和民用机器人技术等为重要研究领域，支持企业搭建人工智能基础资源和公共服务平台，面向不同研究领域开放平台资源。

大数据智能的核心目标就是降低决策过程中的不确定性来预见未来。而通过智能技术进行前瞻预测是关键，不管是物联网、云计算、大数据、人工智能还是数据技术，这个偌大的技术生态，其核心都是为这一目标服务的。

### 6.2.3　大数据智能的发展

物联网、大数据、云计算和人工智能是四位一体发展的（时间有先后，但技术上的实质性突破都在最近几年），未来智能时代的基础设施、核心架构都将基于这四个层面。这种社会演化趋势也很明显：从农业时代、工业时代、信息时代到智能时代。从物联网、大数据、云计算到人工智能，一个比一个热，一个比一个快，一个比一个深入，这是信息技术发展的结果，也是其内在的逻辑联系和发展趋势，终极目标直指大数据智能。四位一体地看大数据智能技术，物联网的主要功能是负责各类数据的自动采集。大规模的数据需要云计算来进行记忆和存储，反过来云计算的并行计算能力也促进了大数据的高效智能化处理。而基于大数据深度学习的人工智能就是我们最终获得的价值规律、认知经验和知识智慧。当然人工智能模型的训练也需要大规模云计算资源的支持，构建的智能模型也能反作用于物联网，进行更优化、更智能地控制

【智能垃圾桶】

各种物联网前端设备。而这个过程中的数据、指令交互和应用部署也是一种典型的云端互联架构。

大数据智能为什么离不开物联网和云计算，主要基于两点：其一，物联网是大数据的采集端和智能服务的发布端，是智能服务于人和机器的重要载体；其二，物联网也是互联网、传统电信网等的信息承载体，让所有能行使独立功能的普通物体实现互联互通。

下面简单介绍物联网和云计算的发展。

#### 1. 物联网

简单地说，物联网通常是在 IEEE 802.15.4 协议的基础上，使用无线传感器（一般为 ZigBee）进行设备与设备之间进行通信的。下面举几个简单的例子。

【伦敦智能
垃圾桶】

（1）运输海鲜时，需要保证其温度在某个范围内，并且实时反馈。这时可以在冰柜里装一个无线传感器，检测其温度的变化。

（2）可以将其运用到学校的点名中来。设想，未来的无线传感器可以像一枚徽章那么小，而且足够便宜，那就可以把无线传感器做成学校徽章，在上课的时候利用一定的算法自动进行点名。

（3）伦敦奥运会的智能垃圾桶（见图 6.4），它能在垃圾桶装满的时候自动通知卫生清理部门清理垃圾。

物联网的产生是因为许多机器设备之间需要自动进行通信。而这种通信通常无须人类的参与，在预先设定好的机制下自动完成，这种设备与设备之间自动通信的需求促使了物联网的产生。物联网可以使人类从设备与设备之间的通信中解放出来，使设备之间实现自动通信，从而使生活更智能、更高效。

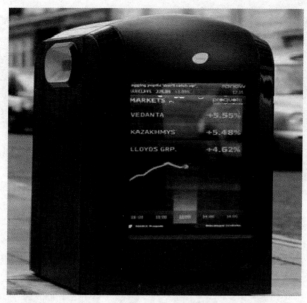

图 6.4　伦敦奥运会的智能垃圾桶

### 2. 云计算

云计算是大数据智能处理分析的基础支撑平台，提供强大的存储能力和密集计算能力，来支持海量数据资源的动态管理和智能模型的高性能学习。其技术实现基于互联网进行相关服务的推送、使用和交付，通常涉及通过互联网提供的动态易扩展且虚拟化的资源。通过这种方式，云中共享的软硬件资源和信息可以按需提供给计算机各种物联网终端和设备。

【什么是云计算】

云计算是分布式计算的一种，指的是通过网络"云"将巨大的数据计算处理程序分解成无数个小程序（见图 6.5），然后通过由多部服务器组成的系统处理和分析这些小程序，最后将得到的结果返回给用户。云计算早期就是简单的分布式计算，解决任务分发，并进行计算结果的合并。因而，云计算又称网格计算。通过这项技术，可以在很短的时间内完成对数以万计的数据的处理，从而达到强大的网络服务。

现阶段所说的云服务已经不单单是一种分布式计算，而是分布式计算、效用计算、负载均衡、并行计算、网络存储、热备份冗杂和虚拟化等计算机技术混合演进并跃升的结果。

大数据智能的成功普及将是传统信息化的终点。换句话说，信息化走向智能化之后，整个信息技术相关的产业链（包括传统产业的升级）都会产生质的变化。大数据智能应用的终极目标是利用一系列智能算法和信息处理技术实现海量数据条件下的人类深度洞察和决策智能化，最终走向普适的人机智能融合。这不仅是传统信息化管理的扩

【云计算的应用】

展延伸，也是人类社会发展管理智能化的核心技术驱动力。大数据智能的普及将是对传统认知方法的颠覆，人类的科学发展是一部理性战胜感性的历史，望远镜改变了我们对宇宙的看法，显微镜改变了我们对微观世界的认知，而当前通过大数据智能技术来解释

图 6.5　云计算分解

我们亲手构建的数字世界，也意味着我们即将跨入一种新的认知。真正的大数据智能，既能像望远镜一样宏观察看，也能像显微镜一样微观分析，可以让我们通过对多维数字空间的自动投影、变换、关联等来更好地理解和掌控周遭的数字世界。

## 6.3　认知计算

【"类脑"】

人脑是世界上最复杂的物质，是人的智能、意识等一切高级精神活动的生理基础。认知计算（Cognitive Computing）是一项使人类能够和机器合作的技术方法。认知计算这个术语来自认知科学与人工智能，是借助认知科学理论构建算法，模拟人的客观认知和心理认知过程，使机器具备某种程度的"类脑"认知智能。20 世纪 90 年代后，人们开始使用认知计算一词。2013 年，以 IBM 公司开发的"沃森"为代表的认知计算系统实现了自主学习，并拥有了类似人脑的能力，它能够按照用户需求从自然语言内容中搜索关键知识，拉开了认知计算在各个领域应用的帷幕。认知计算涉及使用数据挖掘、模式识别和自然语言处理的自学习系统，以模仿人类大脑的工作模式。认知计算的目标是创建能自动解决问题的信息技术系统，而无须人的援助。认知计算系统利用机器学习算法，通过挖掘反馈给它们的信息数据不断获取知识。人脑与计算机各有所长，认知计算系统可以成为一个很好的辅助性工具，配合人类进行工作，解决人脑所不擅长解决的一些问题。

认知计算对于未来人工智能、信息技术、认知科学等领域均有着十分重要的影响。

认知科学源于 20 世纪 50 年代，该名称于 1956 年在麻省理工学院的一次有关信息论的科学讨论会上提出。1976 年，《认知科学》期刊创刊。1979 年，由肖克（R. Schank）、柯林斯（A. Collins）、诺曼（D. Norman）及其他一些心理学、语言学、计算机科学和哲学界的学者共同成立了认知科学协会，使认知科学得到了迅速的发展，成为一个备受关注的学术研究领域。

下面从国外和国内两个方面来说明认知计算的研究。

### 1. 国外认知计算的相关研究

尽管认知计算还存在一些争议，但国外有关认知计算的研究已成为认知科学和人工智能领域的热点之一。目前的研究主要集中在对认知的可计算性的解释，认知系统的软硬件设施、原理及相关算法，在医疗、法律、教育等不同领域应用的探索，以及开发可以实现某种特定功能的认知计算系统等方面。2002 年，美国国家基金会将认知科学作为 21 世纪四大前沿技术之一。2006 年，IBM Almaden 研究中心发起了认知计算国际会议，2007 年又在加利福尼亚大学召开了认知计算会议，2017 年 7 月，国际认知计算会议在英国牛津大学顺利召开。目前，美国的宾夕法尼亚大学、麻省理工学院、布朗大学和佐治亚计算机学院等均建立了相关的研究机构。日本和德国也从事相关的研究工作。

### 2. 国内认知计算的相关研究

虽然一些具有前瞻性的专家学者已经看到了认知计算的重要性，但国内对认知计算的研究尚处于起步阶段，主要集中在对认知计算的理论方面，鲜有其在相关领域应用的探索。2008 年，国家自然科学基金委员会发布了"视听信息的认知计算"重大研究计划，表明我国对认知计算这一国际前沿技术研究的关注，该计划的实施有力地推动了我国认知计算领域相关研究的发展。2013 年，北京举办以"从大数据到认知计算"为主题的认知计算研讨会，同年 11 月，中国自动化大会设立"生物信息与认知计算"专题会议，表明我国学者对认知计算研究方面的高度重视。随着物联网的发展，有待处理的数据和信息量急剧增加，这些研究领域都需要与认知计算相结合，通过建立人机交互的认知计算系统，增强用户的服务体验。

随着科学技术的发展以及大数据时代的到来，如何实现类似人脑的认知与判断，发现新的关联和模式，从而做出正确的决策，显得尤为重要，这给认知计算技术的发展带来了新的机遇和挑战。如今，认知计算也获得了广泛应用，包括专家系统、自然语言编程、神经网络、机器人和虚拟现实。

## 6.4 神经形态芯片

人脑架构与冯·诺依曼型计算机架构的本质区别是，人脑的信息存储和处理，是通过突触这一基本单元来实现的，所以没有明显的界线。人脑的记忆和学习功能得以实现，是因为人脑中数以亿计个突触的可塑性，在各种因素和各种条件下经过一定的时间作用后引起的神经变化。

模仿人类大脑的理解、行动和认知能力，成为仿生研究的主要目标。该领域的最新成果有神经形态芯片。《麻省理工科技评论》（*MIT Technology Review*）杂志于 2014 年 5 月列出了 2014 十大突破性科学技术，高通公司的神经形态芯片（Neuromorphic Chips）名列其中。

神经形态芯片的研究已有 20 多年的历史。1989 年，加利福尼亚大学理工学院的米德（C. Mead）给出了神经形态芯片的定义，"模拟芯片不同于只有二进制结果（开/关）的数字芯片，可以像现实世界一样得出各种不同的结果，可以模拟人脑神经元和突触的电子活动。"然而，米德本人并没有完成模拟芯片的设计。

语音处理芯片公司 Audience 公司，对神经系统的学习性和可塑性、容错性、免编程以及低能耗等特征进行了潜心研究，研发出基于人的耳蜗而设计的神经形态芯片，可以模拟人耳抑制噪声，并将其应用于智能手机。Audience 公司也由此成了行业内领先的语音处理芯片公司。

与一般的处理器工作原理不同。高通公司的神经网络处理器，从根本上来讲，其依旧是一个由硅晶体材料构成的典型计算机芯片，但是它能够完成定性功能，而非定量功能。高通公司开发的软件工具甚至能够模仿大脑活动，而且处理器上的"神经网络"也是按照人类神经网络传输信息的方式而设计，另外，它还允许开发者编写基于"生物激励"的程序。高通设想其设计的神经网络处理器可以完成归类和预测等认知任务。

高通公司给其神经网络处理器起名为 Zeroth。Zeroth 的名字起源于第零原则。第零原则规定，机器人不得伤害人类个体，或者因不作为致使人类个体受到伤害。一直致力于开发一种突破传统模式的全新计算架构的高通公司研发团队希望打造一个全新的计算处理器，来模仿人类的大脑和神经系统，并且使终端拥有大脑模拟计算驱动的嵌入式认知——这就是 Zeroth。"仿生式学习""使终端能够像人类一样观察和感知世界""神经处理单元的创造和定义"是 Zeroth 的三个目标。关于"仿生式学习"，高通公司是通过基于神经传导物质多巴胺的学习（又名正强化）来完成的，而非编写代码实现。

自 1956 年第一台人脑模拟器（拥有 512 个神经元）被 IBM 公司创建以来，该公司就一直在从事类脑计算机的研究，自从模仿了突触的线路组成之后，基于庞大的类神经系统群开发神经形态芯片也就自然而然地进入了其视野。其中，IBM 第一代神经突触（Neurosynaptic）芯片适用于认知计算机的开发。尽管认知计算机无法像传统计算机一样进行编程，但它模拟了大脑结构和突触可塑性，使其可以通过积累经验进行学习，发现事物之间的相互联系。

2008 年，在美国国防部高级研究计划局（DARPA）的资助下，IBM 的"自适应可变神经可塑可扩展电子设备系统"项目（SyNAPSE）的第二阶段，致力于创造出既能同时处理多源信息又能根据环境不断自我更新的系统，来实现神经系统的学习性、可塑性、容错性、免编程及低能耗等特征。项目负责人莫得哈（D. Modha）认为，神经形态芯片将是计算机进化史上的又一座里程碑。

2011 年，IBM 率先推出了单核含 256 个神经元、256×256 个突触和 256 个轴突的芯片原型。该芯片原型已经可以带动 Pong 游戏这样复杂的任务。不过相对来说还是比较简单，仅从规模上来说，这样的单核脑容量只相当于昆虫大脑的水平。

经过 3 年的努力，IBM 在复杂性和使用性方面取得了突破。2014 年 8 月 8 日，IBM

在《科学》（*Science*）杂志上公布了仿人脑功能的 TrueNorth 微芯片，如图 6.6 所示。这款芯片能够模拟神经元、突触的功能以及其他脑功能执行计算，擅长完成模式识别和物体分类等烦琐任务，而且功耗还远低于传统硬件。它拥有 54 亿个晶体管，是传统计算机处理器的 4 倍以上，在其核心区域密密麻麻地挤满了 4 096 个处理核心，产生的效果相当于 100 万个神经元和 2.56 亿个突触。目前，IBM 已经使用 16 块芯片开发了一台神经突触超级计算机。

图 6.6　IBM 的 TrueNorth 微芯片

　　TrueNorth 的 4 096 个处理核心之间使用了类似于人脑的结构，而且每个处理核心都包含约 120 万个晶体管，其中负责数据处理和调度的部分只占据少量晶体管，而大多数晶体管都被用于数据存储及与其他核心沟通方面。每个处理核心都有自己的本地内存，它们还能通过一种特殊的通信模式与其他处理核心快速沟通，其工作方式非常类似于人脑神经元与突触之间的协同，只不过，化学信号在这里变成了电流脉冲。IBM 把这种结构称为神经突触内核架构。

　　IBM 使用软件生态系统，将卷积网络、液态机器、受限玻耳兹曼机、隐马尔可夫模型、支持向量机、光学流量和多模态分类等算法通过离线学习加入 TrueNorth 系统结构中。

　　英国 ARM 公司自 2003 年开始研制类脑神经网络的硬件单元，称为 SpiNNaker（Spiking Neural Networks Architecture）。2011 年，正式发布了包含 18 个 ARM 核的 SpiNNaker 芯片。2013 年，开发了基于 UDP 的 Spiking 接口，可以用于异质神经形态系统的通信。2014 年与滑铁卢大学合作，支持 Spaun 模型的硬件计算。

　　德国海德堡大学在 FACTS 项目的基础上，于 2011 年启动了为期 4 年的 BrainScales 项目。在 2013 年，加入欧盟的"人类大脑计划"。在 2013 年 6 月召开的莱比锡世界超级计算机大会上，人脑研究项目协调人之一，德国海德堡大学的麦耶（K. Meier）教授介绍了德国科学家取得的研究进展。麦耶宣布，神经形态系统将出现在硅芯片上或硅圆片上。这不仅是一种芯片，还是一个完整的硅圆片，在上面目前集成了 20 万个神经元和 500 万个突触。这些硅圆片将是未来十年欧盟人脑研究项目要开发的类似人脑的新型计算机系统结构的基石。

## 6.5　类脑智能路线图

　　2013年10月29日，在中国人工智能学会发起的"创新驱动发展——大数据时代"人工智能高峰论坛提出了智能科学发展的"路线图"：2020年，实现初级类脑计算，实现目标是计算机可以完成精准的听、说、读、写；2035年，进入高级类脑计算阶段，计算机不但具备"高智商"，还将拥有"高情商"；2050年，智能科学有望发展出神经形态计算机，具有全意识，实现超脑计算。

　　通过脑科学、认知科学与人工智能领域的交叉合作，促进智能科学在基础性、引领性、创新性研究的发展，解决认知科学和信息科学发展中的重大基础理论问题，带动我国经济、社会乃至国家安全所涉及的智能信息处理关键技术的发展，为防治脑疾病和脑功能障碍、提高国民素质和健康水平等提供理论依据，并为探索脑科学中的重大基础理论问题做出贡献。

# 本章小结

　　类脑智能是受大脑神经运行机制和认知行为机制启发，以计算建模为手段，通过软硬件协同实现的机器智能。类脑智能具备信息处理机制上类脑、认知行为表现上类人、智能水平上达到或超越人的特点。2018年8月，Gartner公司发布2018年新兴技术成熟度曲线，公布了五大新兴技术趋势，其中类脑智能、神经芯片硬件和脑机接口为重要技术趋势。

　　类脑智能目前整体处于实验室研究阶段，脑机接口技术是类脑领域目前唯一产业化的领域。脑机接口技术是在人或动物脑（或者脑细胞的培养物）与外部设备间建立直接连接通路，以"人脑"为中心，以脑信号为基础，通过脑-机接口实现控制人机混合系统。脑机接口应用于医疗领域，实现瘫痪人士通过脑机设备控制机械臂完成相应动作，也可实现对多动症、癫痫等疾病采取神经反馈方式做对应的恢复训练；应用于智能家居，实现意念控制开关灯、开关门、开关窗帘等，进一步控制家庭服务机器人。全球最受关注的脑机接口公司的前十名多分布在北美和欧洲，中国产业界逐步推出产品，如科斗脑机、海天智能等公司研发生产出植入式脑微电极、脑控智能康复机器人等产品。

　　类脑智能体系涉及要素较多，需要政产学研紧密合作，深化多方协同的合作，共同推动技术实现体系化的创新。借鉴其他先进国家布局经验，突出政产学研多方合作在类脑智能创新中的合力作用，构建国内多方协同的创新体系。

# 习　　题

【第6章　在线答题】

1. 什么是大数据？它的理论基础是什么？
2. 简单概述认知计算，并给出IBM"沃森"系统处理问题的步骤。
3. 什么是神经形态芯片？实现神经形态芯片有何途径？
4. 你对类脑智能有何意见和看法？

# 附录
## 常用人工智能英汉术语

### A

| | |
|---|---|
| Artificial Intelligence，AI | 人工智能 |
| Artificial Neural Network，ANN | 人工神经网络 |
| Autonomic computing | 自主计算 |
| Automatic Theorem Proving，ATP | 自动定理证明 |
| Activation function | 激活函数 |
| Adversarial networks | 对抗网络 |
| Affine Layer | 仿射层 |
| Agent | 智能体 |
| Algorithm | 算法 |
| Anomaly detection | 异常检测 |
| Approximation | 近似 |
| Area Under Curve，AUC | 曲线下面积 |
| Artificial General Intelligence，AGI | 通用人工智能 |
| Association analysis | 关联分析 |
| Attention mechanism | 注意力机制 |
| Attribute value | 属性值 |
| Autoencoder | 自编码器 |
| Automatic speech recognition | 自动语音识别 |
| Average gradient | 平均梯度 |
| Average pooling | 平均池化 |

### B

| | |
|---|---|
| Back Propagation，BP | 反向传播 |
| Base learner | 基学习器 |
| Batch Normalization，BN | 批量归一化 |
| Bayesian criterion | 贝叶斯判定准则 |
| Bayesian decision theory | 贝叶斯决策论 |
| Bayesian network | 贝叶斯网络 |

| | |
|---|---|
| Between-class scatter matrix | 类间散度矩阵 |
| Bias | 偏置，偏差 |
| Bi-directional Long-Short Term Memory，Bi-LSTM | 双向长短期记忆 |
| Binary classification | 二分类 |
| Binomial test | 二项分布检验 |
| Boltzmann Machine | 玻尔兹曼机 |

## C

| | |
|---|---|
| Chatbot | 聊天机器人 |
| Conjunction | 合取 |
| Calibration | 校准 |
| Classification and Regression Tree，CART | 分类与回归树 |
| Classifier | 分类器 |
| Class-imbalance | 类别不平衡 |
| Cluster | 簇，类，集群 |
| Cluster analysis | 聚类分析 |
| Clustering ensemble | 聚类集成 |
| Competitive learning | 竞争型学习 |
| Comprehensibility | 可解释性 |
| Computer vision | 计算机视觉 |
| Concept Learning System，CLS | 概念学习系统 |
| Conditional entropy | 条件熵 |
| Connection weight | 连接权 |
| Consistency | 一致性，相合性 |
| Continuous attribute | 连续属性 |
| Convergence | 收敛 |
| Conversational agent | 会话智能体 |
| Convexity | 凸性 |
| Convolutional Neural Network，CNN | 卷积神经网络 |
| Correlation coefficient | 相关系数 |
| Cross entropy | 交叉熵 |
| Cross validation | 交叉验证 |
| Cut point | 截断点 |
| Cutting plane algorithm | 割平面法 |

## D

| | |
|---|---|
| Data mining | 数据挖掘 |
| Data science | 数据科学 |
| Deep learning | 深度学习 |
| Data set | 数据集 |
| Decision boundary | 决策边界 |

| | |
|---|---|
| Decision stump | 决策树桩 |
| Decision tree | 决策树，判定树 |
| Deduction | 演绎 |
| Deep Convolutional Generative Adversarial Network，DCGAN | 深度卷积生成对抗网络 |
| Deep Neural Network，DNN | 深度神经网络 |
| Deep Q-Network | 深度 Q -网络 |
| Directed edge | 有向边 |
| Discriminative model | 判别模型 |
| Discriminator | 判别器 |
| Distance metric learning | 距离度量学习 |
| Distribution | 分布 |
| Divergence | 散度 |
| Diversity measure | 多样性度量，差异性度量 |
| Downsampling | 下采样 |
| Dynamic fusion | 动态融合 |
| Dynamic programming | 动态规划 |
| Directed separation | 有向分离 |

## E

| | |
|---|---|
| Eigenvalue decomposition | 特征值分解 |
| Embedding | 嵌入 |
| Emotional analysis | 情绪分析 |
| End-to-End | 端到端 |
| Energy-based model | 基于能量的模型 |
| Ensemble learning | 集成学习 |
| Error rate | 错误率 |
| Error-ambiguity decomposition | 误差-分歧分解 |
| Euclidean distance | 欧氏距离 |
| Evolutionary computation | 演化计算 |
| Exponential loss function | 指数损失函数 |
| Extreme Learning Machine，ELM | 超限学习机 |

## F

| | |
|---|---|
| Factorization | 因子分解 |
| Feature engineering | 特征工程 |
| Feature selection | 特征选择 |
| Feature vector | 特征向量 |
| Featured learning | 特征学习 |
| Feedforward Neural Networks，FNN | 前馈神经网络 |
| Fine-tuning | 微调 |

| | |
|---|---|
| Flipping output | 翻转法 |
| Fluctuation | 波动 |
| Functional neuron | 功能神经元 |

## G

| | |
|---|---|
| Gain ratio | 增益率 |
| Game theory | 博弈论 |
| General problem solving | 通用问题求解 |
| Generalization | 泛化 |
| Generalized linear model | 广义线性模型 |
| Generative Adversarial Networks，GAN | 生成对抗网络 |
| Generative model | 生成模型 |
| Generator | 生成器 |
| Genetic Algorithm，GA | 遗传算法 |
| Global minimum | 全局最小 |
| Global optimization | 全局优化 |
| Gradient boosting | 梯度提升 |
| Gradient descent | 梯度下降 |
| Graph theory | 图论 |
| Ground-truth | 地面真值 |

## H

| | |
|---|---|
| Harmonic mean | 调和平均 |
| Hidden dynamic model | 隐动态模型 |
| Hidden layer | 隐藏层 |
| Hierarchical clustering | 层次聚类 |
| Homogeneous | 同质 |
| Hybrid computing | 混合计算 |
| Hyperparameter | 超参数 |
| Hypothesis | 假设 |
| Hypothesis test | 假设验证 |
| Hidden Markov Model，HMM | 隐马尔可夫模型 |

## I

| | |
|---|---|
| Inference rules | 推理规则 |
| Internation Conference on Machine Learning，ICML | 国际机器学习会议 |
| Incremental learning | 增量学习 |
| Independent and identically distributed/i. i. d. | 独立同分布 |
| Indicator function | 指示函数 |
| Individual learner | 个体学习器 |

| Inductive learning | 归纳学习 |
| Input layer | 输入层 |
| Intrinsic value | 固有值 |
| Iterative dichotomiser | 迭代二分器 |
| Information entropy | 信息熵 |
| Insensitive loss | 不敏感损失 |

## K

| Kernel method | 核方法 |
| K-means clustering | $K$-均值聚类 |
| K-Nearest Neighbors，KNN | $K$-近邻算法 |
| Knowledge base | 知识库 |
| Knowledge representation | 知识表征 |
| Knowledge engineering | 知识工程 |

## L

| Label space | 标记空间 |
| Latent semantic analysis | 潜在语义分析 |
| Latent variable | 隐变量 |
| Learner | 学习器 |
| Learning by analogy | 类比学习 |
| Learning Vector Quantization，LVQ | 学习向量量化 |
| Least squares regression tree | 最小二乘回归树 |
| Linear Discriminant Analysis，LDA | 线性判别分析 |
| Linear model | 线性模型 |
| Linear regression | 线性回归 |
| Local minimum | 局部最小 |
| Log likelihood | 对数似然 |
| Log-linear regression | 对数线性回归 |
| Loss function | 损失函数 |

## M

| Machine intelligence | 机器智能 |
| Machine learning | 机器学习 |
| Machine perception | 机器感知 |
| Machine Translation，MT | 机器翻译 |
| Margin theory | 间隔理论 |
| Marginal distribution | 边际分布 |
| Marginalization | 边际化 |
| Maximum Likelihood Estimation，MLE | 极大似然估计，极大似然法 |
| Maximum margin | 最大间隔 |
| Maximum weighted spanning tree | 最大带权生成树 |

| Max-pooling | 最大池化 |
| Mean squared error | 均方误差 |
| Mixture of experts | 混合专家 |
| Momentum | 动量 |
| Multi-class classification | 多分类 |
| Multilayer feedforward neural networks | 多层前馈神经网络 |
| Multilayer Perceptron，MLP | 多层感知机 |
| Multimodal learning | 多模态学习 |
| Mutual information | 互信息 |

## N

| Natural Language Processing，NLP | 自然语言处理 |
| Natural Language Generation，NLG | 自然语言生成 |
| Neural Turing Machine，NTM | 神经图灵机 |
| Newton method | 牛顿法 |
| Nominal attribute | 标称属性 |
| Non-convex optimization | 非凸优化 |
| Nonlinear model | 非线性模型 |
| Non-ordinal attribute | 无序属性 |
| Norm | 范数 |
| Normalization | 归一化 |
| Nuclear norm | 核范数 |
| Numerical attribute | 数值属性 |

## O

| Objective function | 目标函数 |
| Oblique decision tree | 斜决策树 |
| Odds | 几率 |
| Off-Policy | 离策略 |
| One shot learning | 一次性学习 |
| On-Policy | 在策略 |
| Ordinal attribute | 有序属性 |
| Output layer | 输出层 |
| Overfitting | 过拟合，过配 |
| Oversampling | 过采样 |

## P

| Perception | 感知 |
| Proposition | 命题 |
| Parameter | 参数 |
| Parameter estimation | 参数估计 |
| Parameter tuning | 调参 |

| | |
|---|---|
| Parse tree | 解析树 |
| Particle Swarm Optimization，PSO | 粒子群优化算法 |
| Part-of-speech tagging | 词性标注 |
| Perceptron | 感知机 |
| Performance measure | 性能度量 |
| Pooling | 池化 |
| Positive class | 正类 |
| Positive definite matrix | 正定矩阵 |
| Precision | 查准率，准确率 |
| Principal Component Analysis，PCA | 主成分分析 |
| Prior | 先验 |
| Probability graphical model | 概率图模型 |
| Pseudo-label | 伪标记 |

## Q

| | |
|---|---|
| Quantized neural network | 量子化神经网络 |
| Quantum computer | 量子计算机 |
| Quantum computing | 量子计算 |

## R

| | |
|---|---|
| Reasoning | 推理 |
| Recall | 查全率，召回率 |
| Rectified Linear Unit，ReLU | 激活函数 |
| Recurrent Neural Network，RNN | 循环神经网络，递归神经网络 |
| Reference model | 参考模型 |
| Regression | 回归 |
| Regularization | 正则化 |
| Reinforcement learning | 强化学习 |
| Representation learning | 表征学习 |
| Representer theorem | 表示定理 |
| Rescale | 再缩放 |
| Residual mapping | 残差映射 |
| Residual Network，Res Net | 残差网络 |
| Restricted Boltzmann Machine，RBM | 受限玻尔兹曼机 |
| Restricted Isometry Property，RIP | 限定等距性 |
| Robustness | 稳健性，鲁棒性 |
| Root node | 根节点 |
| Rule engine | 规则引擎 |
| Rule learning | 规则学习 |

## S

| | |
|---|---|
| Supervised learning | 监督学习 |

| | |
|---|---|
| Sample space | 样本空间 |
| Sampling | 采样 |
| Score function | 评分函数 |
| Self-adaptive | 自适应 |
| Self-driving | 自动驾驶 |
| Self-Organizing Map，SOM | 自组织映射 |
| Semi-Supervised Learning，SSL | 半监督学习 |
| Semi-Supervised support vector machine | 半监督支持向量机 |
| Sentiment analysis | 情感分析 |
| Separating hyperplane | 分离超平面 |
| Similarity measure | 相似度度量 |
| Simulated annealing | 模拟退火 |
| Simultaneous localization and mapping | 同步定位与地图构建 |
| Singular value decomposition | 奇异值分解 |
| Slack variables | 松弛变量 |
| Smoothing | 平滑 |
| Sparse representation | 稀疏表征 |
| Sparsity | 稀疏性 |
| Specialization | 特化 |
| Speech recognition | 语音识别 |
| Statistical learning | 统计学习 |
| Stochastic gradient descent | 随机梯度下降 |
| Stratified sampling | 分层采样 |
| Subspace | 子空间 |
| Support vector expansion | 支持向量展式 |
| Support Vector Machine，SVM | 支持向量机 |
| Surrogate function | 替代函数 |
| Symbolism | 符号主义 |

## T

| | |
|---|---|
| T-distribution Stochastic Neighbour Embedding，T-SNE | T-分布随机近邻嵌入 |
| Least square method | 最小二乘法 |
| Threshold | 阈值 |
| Threshold logic unit | 阈值逻辑单元 |
| Tokenization | 标记化 |
| Training error | 训练误差 |
| Training instance | 训练示例，训练例 |
| Transfer learning | 迁移学习 |
| Tria-by-error | 试错法 |
| Turing machine | 图灵机 |

| Twice-learning | 二次学习 |
|---|---|

## U

| Underfitting | 欠拟合 |
|---|---|
| Understandability | 可理解性 |
| Unequal cost | 非均等代价 |
| Unit-step function | 单位阶跃函数 |
| Univariate decision tree | 单变量决策树 |
| Unsupervised layer-wise training | 无监督逐层训练 |
| Upsampling | 上采样 |

## V

| Variational inference | 变分推断 |
|---|---|
| Vapnik-Chervonenkis dimension theory | VC 维理论 |
| Version space | 版本空间 |
| Viterbi algorithm | 维特比算法 |
| Von Neumann architecture | 冯·诺伊曼架构 |

## W

| Weak learner | 弱学习器 |
|---|---|
| Weight | 权重 |
| Word embedding | 词嵌入 |
| Word sense disambiguation | 词义消歧 |

## Z

| Zero-data learning | 零数据学习 |
|---|---|
| Zero-shot learning | 零次学习 |

# 参 考 文 献

RUSSELL S J，NORVIG P，2013. 人工智能：一种现代的方法 第 3 版［M］. 殷建平，祝恩，刘越，等译. 北京：清华大学出版社.

蔡曙山，薛小迪，2016. 人工智能与人类智能：从认知科学五个层级的理论看人机大战［J］. 北京大学学报（哲学社会科学版），53（04）：145-154.

蔡自兴，2016. 中国人工智能 40 年［J］. 科技导报，34（15）：12-32.

陈凯泉，沙俊宏，何瑶，等，2017. 人工智能 2.0 重塑学习的技术路径与实践探索：兼论智能教学系统的功能升级［J］. 远程教育杂志，35（05）：40-53.

杜严勇，2016. 人工智能安全问题及其解决进路［J］. 哲学动态（09）：99-104.

顾险峰，2016. 人工智能的历史回顾和发展现状［J］. 自然杂志，38（03）：157-166.

何哲，2016. 通向人工智能时代：兼论美国人工智能战略方向及对中国人工智能战略的借鉴［J］. 电子政务（12）：2-10.

贺倩，2016. 人工智能技术发展研究［J］. 现代电信科技，46（02）：18-21，27.

黄欣荣，2018. 人工智能与人类未来［J］. 新疆师范大学学报（哲学社会科学版），39（04）：101-108，2.

李德毅，2018. 人工智能导论［M］. 北京：中国科学技术出版社.

马玉慧，柏茂林，周政，2017. 智慧教育时代我国人工智能教育应用的发展路径探究：美国《规划未来，迎接人工智能时代》报告解读及启示［J］. 电化教育研究，38（03）：123-128.

牟智佳，2017.“人工智能＋”时代的个性化学习理论重思与开解［J］. 远程教育杂志，35（03）：22-30.

史忠植，2016. 人工智能［M］. 北京：机械工业出版社.

司晓，曹建峰，2017. 论人工智能的民事责任：以自动驾驶汽车和智能机器人为切入点［J］. 法律科学（西北政法大学学报），35（05）：166-173.

陶九阳，吴琳，胡晓峰，2016. AlphaGo 技术原理分析及人工智能军事应用展望［J］. 指挥与控制学报，2（02）：114-120.

汪建基，马永强，陈仕涛，等，2017. 碎片化知识处理与网络化人工智能［J］. 中国科学：信息科学，47（02）：171-192.

王万良，2017. 人工智能导论［M］. 4 版. 北京：高等教育出版社.

闫志明，唐夏夏，秦旋，等，2017. 教育人工智能（EAI）的内涵、关键技术与应用趋势：美国《为人工智能的未来做好准备》和《国家人工智能研发战略规划》报告解析［J］. 远程教育杂志，35（01）：26-35.

曾毅，刘成林，谭铁牛，2016. 类脑智能研究的回顾与展望［J］. 计算机学报，39（01）：212-222.

翟振明，彭晓芸，2016.“强人工智能”将如何改变世界：人工智能的技术飞跃与应用伦理前瞻［J］. 人民论坛·学术前沿（07）：22-33.

郑南宁，2016. 人工智能面临的挑战［J］. 自动化学报，42（05）：641-642.

钟义信，2012. 高等人工智能：人工智能理论的新阶段［J］. 计算机教育（18）：6-11.

钟义信，2012. 人工智能的突破与科学方法的创新［J］. 模式识别与人工智能，25（03）：456-461.

钟义信，2017. 人工智能：概念·方法·机遇［J］. 科学通报，62（22）：2473-2479.

朱巍，陈慧慧，田思媛，2016，等. 人工智能：从科学梦到新蓝海 人工智能产业发展分析及对策［J］. 科技进步与对策，33（21）：66-70.

邹蕾，张先锋，2012. 人工智能及其发展应用［J］. 信息网络安全（02）：11-13.